OS CONSTRUTORES DO
COSMOS

Série
Mario Novello

Mario Novello

OS CONSTRUTORES DO COSMOS

Série
Mario Novello

Organização
Rodrigo Petronio

1ª edição
São Paulo
2023

© Mario Novello, 2022

1ª Edição, Editora Gaia, São Paulo 2023

Jefferson L. Alves – diretor editorial
Richard A. Alves – diretor geral
Flávio Samuel – gerente de produção
Jefferson Campos – analista de produção
Judith Nuria Maida – coordenadora da Série Mario Novello
Juliana Tomasello – coordenadora editorial
Amanda Meneguete – assistente editorial
Eduardo Souza – revisão
Julia Ahmed – projeto gráfico
Flavia Schaller – capa
Danilo Barroso – diagramação

Na Editora Gaia, publicamos livros que refletem nossas ideias e valores: Desenvolvimento humano / Educação e Meio Ambiente / Esporte / Aventura / Fotografia / Gastronomia / Saúde / Alimentação e Literatura infantil.

Em respeito ao meio ambiente, as folhas deste livro foram produzidas com fibras obtidas de árvore de florestas plantadas, com origem certificada.

Dados Internacionais de Catalogação na Publicação (CIP)
(Câmara Brasileira do Livro, SP, Brasil)

Novello, Mario
   Os construtores do Cosmos / Mario Novello – 1. ed. – São Paulo : Editora Gaia, 2023. – (Série Mario Novello / coordenação Judith Nuria Maida)

   Bibliografia.
   ISBN 978-65-86223-43-9

   1. Astronomia 2. Cosmos 3. Cosmologia 4. Física – Teoria 5. Universo I. Título. II. Série.

23-154023   CDD-523.1

Índices para catálogo sistemático:
1. Cosmologia : Universo : Astronomia   523.1

Henrique Ribeiro Soares - Bibliotecário - CRB-8/9314

Obra atualizada conforme o
NOVO ACORDO ORTOGRÁFICO DA LÍNGUA PORTUGUESA

Editora Gaia Ltda.
Rua Pirapitingui, 111-A – Liberdade
CEP 01508-020 – São Paulo – SP
Tel.: (11) 3277-7999
e-mail: gaia@editoragaia.com.br

(g) globaleditora.com.br   (f) /editoragaia

(▶) /editoragaia   (◎) @editora_gaia

(●) blog.grupoeditorialglobal.com.br

Direitos reservados.
Colabore com a produção científica e cultural.
Proibida a reprodução total ou parcial desta
obra sem a autorização do editor.

Nº de Catálogo: **4619**

*Este livro é dedicado à memória da minha mãe,
Assunta Miceli Novello, que emigrou da Calábria
para o Brasil na década de 1920 e me transmitiu
o seu encantamento pelo mundo.*

SUMÁRIO

Preâmbulo 11

Prefácio 13

Louis-Auguste Blanqui 23
A revolução do pensamento que a Cosmologia provoca

Omar Khayyám 29
Quando a Cosmologia se expressa em poesia

Lorentz, Poincaré, Minkowski e Einstein 33
O espaço-tempo absoluto

Einstein e o espaço-tempo dinâmico 37
No rastro de Ernst Mach: sucesso e dificuldades da Teoria da
Relatividade Geral em seu centenário e tentativas recentes de
sua superação

Primeiro diálogo com a metacosmologia 57
O encantamento do real e do virtual

Alexander Friedmann 63
O homem que pôs o Universo em movimento

Evgeny Lifshitz 67
Quando a Cosmologia exibe o caos

Fred Hoyle e Jayant Narlikar 73
Universo eterno estacionário

Ellis, Hawking, Geroch e Penrose 77
Axiomatização à moda inglesa

Os primeiros cenários com *bouncing* 85
A Cosmologia concebe a eternidade

Vitaly Melnikov 89
A metacosmologia invade os laboratórios

Yvonne Choquet-Bruhat 95
Uma matemática muito especial

Kurt Gödel 99
A Cosmologia revela a natureza do tempo

Buraco negro não gravitacional 109
Gravitação sem gravitação

Moisey Alexandrovich Markov 117
Quando a Cosmologia realiza sonhos infantis

Ernst Mach e a origem da massa 121
Mach ou Higgs?

Dirac e Sakharov: matéria e antimatéria 139
Da fantasia na formação da matéria

Hermann Weyl 143
Os cenários cosmológicos Wist

O Cosmos quantizado 149
Do Universo clássico de Friedmann ao mundo quântico de Bohm

O Universo magnético 153
Dualidade no Cosmos magnético

O florescer da Cosmologia na União Soviética 157
O pensamento cosmológico em inteira liberdade

Cosmogonia 161
Caos, Cosmos e um Universo se revela

Solidariedade cósmica, solidariedade social 165
O Universo estava condenado a existir

Posfácio 171
Mario Novello: um pensador para o próximo milênio

Sobre o autor 177

Acervo particular do autor 179

OS CONSTRUTORES DO
COSMOS

PREÂMBULO

É preciso ser leve como um pássaro e não como uma pena.

Paul Valéry *apud* Italo Calvino

Em seu belo livro *Seis propostas para o próximo milênio*, Italo Calvino começa sua série de palestras tratando da oposição leveza--peso. Eu gostaria de me apoderar dessa dualidade e fazer desta obra uma imagem na qual o pesado esteja associado ao plano terrestre, e a ideia de leveza associada ao cósmico. Isso significa que não me deterei a tratar da Física terrestre, mas estarei dedicado a acompanhar a leveza, para que possamos falar do Cosmos e construir uma visão grandiosa do Universo.

É bem verdade que praticamente em todo o livro limito-me a examinar os processos associados à gravitação e ao peso que a ela se associa. No entanto, o modo pelo qual a Teoria da Relatividade Geral substitui, em nossa representação do mundo, a força gravitacional por uma geometria, retira dela a carga que trezentos anos de interpretação newtoniana nos impuseram.

É dessa leveza de um Cosmos hesitante, eterno e dinâmico, controlado pela gravitação, que esta obra pretende se ocupar.

Prefácio

Se eu vi mais longe, foi por estar sobre ombros de gigantes.

Isaac Newton (1675)

Todo trabalho científico quer ser superado e ser superado não é apenas seu destino, mas seu objetivo.

Paolo Rossi (1989)

Tudo está em transformação, nada estável perdura por muito tempo.

Karl Marx (1848)

Os transgressores

Na primeira metade do século XX, ocorreu uma imensa transformação na Física, tanto no mundo microscópico com o advento da Teoria Quântica, quanto no mundo macroscópico quando jovens físicos transgrediram de modo direto e universal as sólidas certezas da Física de então.

A consequência mais importante para a análise aqui se refere ao progresso na compreensão da dinâmica do Universo pela Cosmologia, que alterou de maneira profunda as Ciências da Natureza, provocando a necessidade de uma verdadeira revolução na atividade científica.

É necessário esclarecer de antemão que este não é um livro de história da Cosmologia, mas, sim, uma descrição simplificada de uma ordem cosmológica construída ao longo dos últimos cem anos. Serão analisados importantes passos na compreensão do Universo, por meio de alguns personagens. Isso não significa que se deve considerá-los como únicos, mas como a particular escolha de um conjunto de homens e mulheres de uma comunidade de cientistas que construíram e estão construindo a atual visão do Universo, o caminho da Cosmologia e as variadas interpretações sobre as observações astronômicas.

Comentar o trabalho desses cientistas não deve ser entendido como culto à personalidade, mas, sim, como um modo simplificado de expressar essa verdadeira metamorfose que transfigurou a Ciência. O olhar crítico desses especialistas, a partir de uma atitude não subserviente ao *establishment*, abalou alicerces, até então considerados como sólidos, do conhecimento da natureza daquele período.

É possível ver como, desde a Idade Média (com Omar Khayyám) até os cosmólogos do século XX, a percepção de que nosso Universo não teve começo a um tempo finito frequenta insistentemente o pensamento dos homens da Ciência. No entanto, foi somente neste século XXI que um cenário realista, compatível com todas as observações astronômicas, se estabeleceu como modelo da evolução desse Universo eterno.

Em um primeiro momento, será feito um breve desvio para nos encantarmos com a visão do revolucionário francês Louis-Auguste Blanqui e sua eternidade por meio dos astros, entrando, a seguir, na Cosmologia contemporânea.

Henri Poincaré, Hendrik Lorentz, Albert Einstein e outros elaboraram um dos pilares fundamentais da Física clássica, a Relatividade Especial. Einstein foi além e produziu a Relatividade

Geral pondo fim a mais de trezentos anos de dominação absoluta da descrição de Newton da Lei da Gravitação.

No ano de 1922, um físico russo, Alexander Friedmann, iniciou uma revolução na imagem mental que a Física havia construído lenta e seguramente sobre o mundo, ao permitir que o Universo deixasse sua indolência, fabricada ao longo de séculos de imaginação humana, e se pusesse em movimento, produzindo o primeiro cenário expansionista do Cosmos. Para isso, teve que afrontar nada menos do que o próprio criador da nova Teoria da Gravitação que havia elaborado um modelo de Universo estático. Ao exibir seu cenário de um Universo em expansão, Friedmann destruiu a imagem de um mundo absoluto, acabado e completo, dado *a priori*, mostrando que vivemos em um Universo dinâmico, em expansão, onde não há lugar para absolutismos e estagnação.

Nos anos 1930, Paul Dirac e Samuel Sambursky, como consequência direta da dependência das diferentes interações com a dinâmica cósmica proposta por Friedmann, propuseram a hipótese de que as leis da natureza deveriam deixar de ser consideradas fixas, imutáveis, eternas, voltando a pensar, como se havia suspeitado em tempos antigos, que vivemos em um Universo inacabado.

A dependência das leis físicas não restringe o conhecimento sobre o Universo, mas, sim, mostra que a Ciência é um processo e, como tal, sua formulação não é estática. Já se sabia que as teorias e as explicações dos fenômenos são mutáveis e que o conhecimento científico progride, transformando as interpretações elaboradas anteriormente. No entanto, pensava-se que isso fosse somente a parte humana da nossa Ciência, parte da nossa evolução histórica. Não se imaginava que elas próprias, as leis físicas, possuíam uma história, variando com a situação espaço-temporal. Será examinado como isso impactou a descrição racional do mundo.

Seguindo a tradição iniciada por Friedmann, a Rússia produziu uma quantidade notável de cientistas que fizeram avançar nosso conhecimento sobre o Universo. Aqui, destacam-se alguns, a saber, Evgeny Lifshitz, Vladimir Belinsky, Isaak Khalatnikov, Moisey Alexandrovich Markov, Andrey Sakharov, Vitaly Melnikov e Sergei Vladimirovich Orlov. Em capítulo ulterior, há um comentário sobre como se deu esse florescer da Cosmologia na antiga União Soviética.

Em seguida, será visto como o matemático Kurt Gödel, para além de seus formidáveis resultados na Lógica, aparece com destaque devido a um único trabalho, solução cosmológica da Relatividade Geral, que abalou inexoravelmente a noção de causalidade usada desde sempre pelos físicos.

A metacosmologia pretende examinar questões cruciais da organização das leis físicas. Perguntar por que a massa do nêutron tem exatamente o valor que observamos, por que existe matéria e não antimatéria no Universo são questões que só agora começam a ser investigadas sistematicamente. Assim como a variação das constantes da Física começa a ser testada em vários laboratórios e, em especial, no Centro de Metrologia em Moscou. Essa parte que se destaca da Cosmologia não se identifica como uma fantasia ou, como poderia se pensar, uma leitura ingênua de sua função. No entanto, a amplidão da metacosmologia permite que ela possa, no interior da Ciência, representar aquilo que os filósofos, os poetas e os novos cientistas descrevem como encantamento do real e do virtual.

Os fundamentos matemáticos da Relatividade Geral foram desenvolvidos de um modo extremamente elegante pela matemática Yvonne Choquet-Bruhat. Em especial, ela mostrou quais são as condições de existência de ondas gravitacionais no interior da Teoria da Relatividade Geral, afinal observadas recentemente.

Dirac, talvez o mais profícuo cientista do século XX, ao desenvolver a moderna Teoria Quântica, destruiu a ideia absoluta da matéria, propondo, com sucesso, a noção de que cada partícula elementar possui sua antipartícula. Mostrou, então, que matéria e antimatéria possuem uma atração irresistível uma pela outra e, ao se encontrarem, se destroem, perdendo totalmente suas individualidades e deixando em seu lugar somente suas energias sob forma de radiação. Essa descoberta criou de imediato uma questão formidável para os cosmólogos: por que não observamos essa antimatéria no Universo? Mais tarde, com o físico Andrey Sakharov e sua proposta de gênese da matéria bariônica – a que constitui o próton e o nêutron, elementos fundamentais de qualquer átomo –, foi possível entender um pouco melhor as causas que limitaram o nosso Universo a ser repleto unicamente de matéria e não conter antimatéria em quantidade apreciável.

Ao querer eliminar a história da descrição do Universo, Fred Hoyle elaborou uma proposta equivocada de que o nosso Universo seria estacionário, ou seja, que a variação de seu volume é constante no tempo. Malgrado sua ineficácia, esse fracassado modelo lançou luz sobre o mecanismo de formação da substância existente no Cosmos, antecipando cenários físicos que resultaram ser importantes para entender algumas dificuldades inerentes ao comportamento do Universo proposto por Friedmann.

Também será comentada a proposta de axiomatização da Cosmologia e o sucesso dos Teoremas de Singularidade, os quais, se por um lado, produziram uma resposta definitiva à questão da existência da singularidade em modelos cosmológicos, por outro, serviram para atrasar, por várias décadas, a análise de cenários de universos sem um começo a um tempo finito contendo *bouncing*[1].

É possível ver, então, que, embora descobertos no final da década de 1970, cenários cosmológicos com *bouncing* só passaram a ser considerados realistas neste século XXI. Nesses modelos, o Universo é uma consequência natural da instabilidade do vazio. Ao examinar mais detidamente esse vazio, dá-se conta de sua complexidade. É importante esclarecer que esses modelos cosmológicos sem singularidade são bastante semelhantes, coincidindo nos aspectos fundamentais e se distinguindo somente em pequenos detalhes não essenciais. As observações dos céus irão selecionar o mais realístico. A análise feita sobre esse vazio é superficial, pois, para que fosse aprofundada, seria necessário adentrar o território complexo e sofisticado da união entre o mundo quântico e a formulação da gravitação associada à curvatura do espaço-tempo e considerar questões técnicas que estão fora do escopo desta obra.

Em seguida, será tratada a origem da massa a partir da ideia original de Ernst Mach, segundo a qual a inércia de um corpo depende da inércia de todos os corpos do Universo. É fácil reconhecer nessa formulação a origem das propostas de conexão local- -global, como será visto na análise do matemático e filósofo Albert Lautman, que permite o aparecimento de uma resposta simples e natural para os paradoxos que emergem da solução cosmológica descoberta por Gödel.

---

[1] Nesta obra, será usado o termo, em inglês, *bouncing* para representar um Universo que possui uma fase colapsante e, em seguida, depois de atingir um volume mínimo, começa a se expandir, como será explicado em detalhes nas páginas que seguem.

Embora gerando muita crítica sobre a possibilidade de extrapolar a Cosmologia clássica para uma versão quântica, várias propostas de considerar um cenário de quantização da totalidade do espaço-tempo têm sido examinadas no contexto da interpretação de De Broglie-Bohm da Teoria Quântica. John Wheeler e Bryce DeWitt chegaram a formular uma equação análoga à famosa Expressão de Schrödinger, para produzir uma descrição quântica do Universo.

Ao longo deste livro, é possível se deparar diversas vezes com o fenômeno da variação das leis físicas. Não somente em seus aspectos clássicos, como Dirac e Sambursky propuseram, mas também em aspectos quânticos, como na dependência da Interação de Fermi de desintegração da matéria, na proposta de Mario Novello e Peter Rotelli.

É importante enfatizar que a variação das leis físicas não implica o abandono da racionalidade na descrição do Universo. Se o Universo fosse estático, como pretendia Einstein num primeiro momento, as leis seriam fixas. Em um Universo dinâmico, onde a interação entre os campos físicos e a matéria envolve a curvatura do espaço-tempo, essa dependência das leis nada mais é do que sua relação íntima com a expansão ou contração do Universo. Ou seja, não há uma "evolução das leis" gerando uma direção escondida de evolução, uma orientação, mas tão somente uma complexa interação entre acontecimentos locais e o estado do Universo.

Embora alguns físicos pretendam ir além do esquema da relatividade e considerem essa estrutura, a arena do mundo, o espaço-tempo, como derivada de uma estrutura mais fundamental que se esconde no nível quântico, essa linha de investigação, ainda muito especulativa, será deixada para outra ocasião.

É feita, então, uma síntese do que foi visto nesses capítulos anteriores e se busca entender a cosmogonia, a ontologia do espaço, do tempo e da matéria.

Finalmente, no último capítulo, chega-se a um momento glorioso, no qual a Cosmologia contemporânea recupera os ideais de Giordano Bruno e reconhece a conexão entre a solidariedade humana e a solidariedade de um Universo eterno.

Comentário

Como tratar essas diferentes questões a não ser em uma perspectiva afastada do trabalho cotidiano do cientista, na produção de um olhar maior do que o limitado em sua prática? A Cosmologia permite esse afastamento do procedimento convencional, restringindo o movimento dominante na atividade científica, em que o objetivo maior se identifica com a expressão de resultados de conteúdo prático.

O sucesso da orientação tecnológica consolida, de fato, um poder trágico que inibe modos grandiosos de pensar, ao estabelecer critérios práticos do êxito de uma investigação, incentivando a construção de *gadgets* que encantam e distraem, reduzindo a tecnologia à configuração de um passatempo infantil, e que diminuem o esplendor da vida que ela pode ofertar.

Enfim, não se deve esquecer que a Cosmologia torna factível poder ir além e formular, na metacosmologia, a ideia da dependência cósmica das leis da Física, sugerindo novos cenários no mundo e levando, assim, a ser requisitada uma nova forma de reconstrução do modo científico de representar a natureza.

Além do domínio tecnológico que a Ciência produziu, existe este outro território onde ela permite o acesso a outros modos de construção do real. É um caminho difícil, estranhamente afastado de nosso cotidiano e que produz riscos de diversos tipos. No entanto, pelo que pode ser visto neste livro, é onde, imperiosamente, devemos penetrar, para que os sonhos dos primeiros construtores do Universo – sonâmbulos como Johannes Kepler, Isaac Newton, Tycho Brahe e outros – continuem estimulando as novas gerações, permitindo uma liberdade incontrolável do pensamento sobre o Cosmos, e para que, embora sem nenhuma consequência de natureza prática, não sejam postos fora como inúteis, e a metacosmologia possa ser chamada a enriquecer ainda mais esse caminho.

Referências

KOESTLER, A. *Os sonâmbulos*. São Paulo: Editora Ibrasa, 1961.

NOVELLO, M. Manifesto Cósmico. *In*: NOVELLO, M. *O Universo inacabado*. 1. ed. São Paulo: N-1 Edições, 2018. Disponível em: https://cosmosecontexto.org.br/manifesto-cosmico/. Acesso em: 29 mar. 2023.

LOUIS-AUGUSTE BLANQUI
A revolução do pensamento que a Cosmologia provoca

Quebrar as barreiras entre os saberes e
permitir que o encantamento do Cosmos
volte a se integrar em nosso cotidiano.

Mario Novello

O escritor Louis-Auguste Blanqui é mais conhecido pelos historiadores por sua ação revolucionária que lhe causou mais de vinte anos de reclusão nas penitenciárias da monarquia francesa do século XIX.

Em sua última estadia na prisão, Blanqui escreveu um texto, publicado no primeiro trimestre de 1872, que se afasta completamente de suas incursões literárias anteriores e que deu por título *L'Éternité par les Astres*, o qual foi considerado desde então como uma singularidade estranha em seu percurso revolucionário.

Admitindo a versão de Fabrizio Desideri que, em 1983, prefacia a tradução do livro para o italiano (*L'Eternità Attraverso gli Astri*), Blanqui teria usado o Universo como um refúgio, um modo de não se deixar engolir pela desesperança e loucura nesses últimos anos de sua vida na prisão.

Em suas próprias palavras, Blanqui anuncia que esse livro deve ser entendido como um sonho, um sonho de um prisioneiro. Não se deve procurar em seu texto um verdadeiro ensaio de Astronomia, mas, sim, imaginar a que grau de tensão a solidão da prisão política,

Mario Novello

da perda da liberdade por uma idealização da sociedade, do comportamento humano, pode levar a mente humana. Desprovido de liberdade, Blanqui se volta para os astros, para as estrelas e produz uma "Cosmologia fantástica". Uma breve leitura de seu texto permite entender quão longe ele deixou o pensamento flutuar:

> O inteiro Universo é estruturado a partir de uns poucos elementos fundamentais que compõem as estrelas e tudo mais. Esses corpos se estendem por um espaço infinito e um tempo infinito. Tudo se passa como se eu e todos nós repetíssemos as mesmas atividades através dos astros, como cópias de nossas ações, de nossas existências, por todo o Universo e sempre. (Tradução nossa.)

Esse Universo estático, sem evolução, repetindo indefinidamente cada ação de todos e de tudo, cria uma desesperança que só pode ser quebrada pela inesperada aparição de uma bifurcação, da introdução de uma história no Cosmos, capaz de violar ostensivamente esse destino, que se pretendia inevitável, imposto pela sociedade (o que hoje chamaríamos *establishment*). O processo revolucionário, a ação contra o despótico poder central, só ganha sentido e uma força interna maior se olharmos para os céus e deixarmos as estrelas seguirem outros caminhos que aqueles que os astrônomos lhes impõem. A eternidade imperturbável recita ao infinito, e sempre, a mesma representação.

Assim termina *L'éternité par les astres* (*A eternidade pelos astros*, na versão em português). Como tal pensamento pôde ter dominado a visão de um revolucionário que passou toda sua vida adulta lutando contra o imobilismo da sociedade, o imobilismo do pensamento dominante? Como isso pôde acontecer? Blanqui discorre:

Em minhas indagações sobre o Universo, não procurei aquilo que me daria prazer, mas sim a verdade. Não realizei nenhuma profecia, nem nenhuma revelação, mas sim levei ao extremo a análise espectral e a cosmogonia de Laplace. Essas duas descobertas conduzem à eternidade. Não é uma consolação saber que nesses outros milhares de planetas e astros estaremos, meus átomos, revivendo ações que pensava serem somente desse meu corpo. Estamos tão solidamente dependentes desses nossos corpos que não podemos nos entregar ao Cosmos. Estamos rigidamente presos a essa aparente solidez de nossos corpos e cada um de nós atados a um eu, dependentes do *establishment* e da desesperança, da desilusão e do ceticismo desse século. (Tradução nossa.)

Essa visão do Cosmos como uma repetição monótona e eterna é de uma tristeza e resignação ímpar. Impossível aceitar que um revolucionário tenha construído para si mesmo esse confinamento interno. Nem mesmo sua prisão efetiva por décadas é capaz de explicar essa angústia.

Não há nada semelhante na versão contemporânea de um Cosmos infinito no espaço e no tempo. Mesmo os diferentes ciclos de Universos que se sucedem não são repetições de uma nota só. Os mesmos átomos perambulam desde sempre por esse Cosmos, como diz Blanqui? Sim, mas em múltiplas e variadas combinações. As leis cósmicas que os organizam restringem essa suposta repetição monocórdia.

O Universo é eterno e possui ciclos de expansão e colapso, como ele imaginava? Sim, mas reconhecemos hoje a variação das leis físicas de um ciclo para outro, e mesmo dentro de um ciclo, como Gödel e Sakharov exibiram.

Não devemos entender Blanqui, o eterno revolucionário, como aquele que defendia a revolução de um proletário, antes de Marx (mas sem a conotação de luta de classes), por meio dessa reduzida visão estática do mundo. Não faz sentido associá-lo a um imobilismo de pensamento. Mas se é assim, se essa configuração estática do Universo nada mais é do que a fantasia de um pesadelo, como devemos então interpretar suas anotações, sua descrição de um Cosmos sem evolução onde estaríamos obrigados a realizar as mesmas ações *ad aeternum*, como em uma repetição enfadonha de uma vida sem liberdade?

Sartre vem para nos ajudar a entender essa oculta independência, essa liberdade escondida de um prisioneiro. Antes de pretender a fuga da prisão, é preciso destruir as prisões internas. Em cada um de nós e na sociedade. Uma sociedade prisioneira de preconceitos e estagnada em seu processo de evolução nunca será livre. Os burgueses, diria Sartre mais adiante, depois da leitura de Marx, que se sentem livres graças a suas contas bancárias, estão aprisionados de um modo mais violento e permanente do que aqueles que, lutando contra o sistema, são jogados para fora do convívio social, isolados em prisões.

Assim, ao enfatizar essa contínua e repetida forma das ações humanas, Blanqui nos oferece múltiplos espelhos para podermos, livres de contatos espúrios, ver-nos como somos. Para que não reste dúvidas nesse olhar para dentro de si, faz dessa repetição um instrumento capaz de conduzir a uma reflexão profunda sobre nossas ações. Desse modo, pretende excitar, em cada um de nós, uma autocrítica e a esperança de que a consequência maior dessa meditação conduza a um salto para fora desse espelho, e então se realize seu objetivo maior, uma ação revolucionária e a reforma desejada da sociedade. Ou seja, um encontro forçado com uma bifurcação, com a história. Sua Cosmologia, cheia de defeitos e imprecisões, se apoia na certeza – que os cosmólogos do século XXI corroboram – da eternidade e da infinitude desse Universo. Ou melhor, como ele diria, desses infinitos Universos que nos cercam.

Blanqui, o revolucionário derrotado e aprisionado pelo *establishment*, consegue superar, do interior de sua prisão, seu destino que nos parece trágico e, por meio da eternidade dos astros, ser mais livre do que seus algozes.

Referências

BLANQUI, L. *L'Eternità Attraverso gli Astri*. Introdução e edição de Fabrizio Desideri. Editora Theoria, 1983. Versão italiana do original francês de 1872.

NOVELLO, M. *Quantum e Cosmos*: introdução à metacosmologia. 1. ed. Rio de Janeiro: Contraponto, 2021.

OMAR KHAYYÁM

Quando a Cosmologia se expressa em poesia

O mal maior é fazer uso da palavra para ocultar o pensamento.

Omar Khayyám (2012)

Nenhum físico, nenhum cientista, nos dias de hoje, ousaria apresentar suas ideias sobre o mundo, suas investigações em seu campo de saber sob forma de poesia. Ao contrário, os trabalhos científicos requerem que elas sejam descritas de modo impessoal, sóbrio, frio, levando o leitor a acreditar na isenção e ausência de vontade sobre os fatos descritos, como garantia de neutralidade do autor. *A priori*, uma tal orientação garante ao texto do cientista um ar de seriedade que lhe permitiria acesso à academia, ser apresentado, lido, discutido e aceito, ou não, pelos seus pares. Hoje, dificilmente um texto escrito em versos seria sequer lido, ao ser apresentado como um texto científico.

No entanto, no século XI, em plena Idade Média, uma voz vinda do leste, da Pérsia, misturando Astronomia, Filosofia e poesia de um modo singular vai se derramar no Ocidente e, em especial, em pleno século XIX, permanecendo entre nós desde então.

Ao realizar o imenso encargo de produzir o novo calendário astronômico persa, Omar Khayyám faz de seu saber dos astros um caminho natural para a poesia e realiza a fascinante tarefa de fusão da Astronomia com a poesia.

Seria fantasioso e inútil esperar que naquele século, quinhentos anos antes da revolução astronômica de Tycho Brahe, Galileu Galilei, Johannes Kepler, Isaac Newton, uma visão científica pudesse se instalar e ser entendida como um espelho da realidade. Foi assim que suas verdadeiras atividades científicas sempre foram associadas a seus textos de álgebra, das soluções exatas de algumas difíceis equações, e que não se obteve reconhecimento de seus pensamentos em outras áreas do saber. Em particular, suas dúvidas, suas interrogações sobre o mundo.

No entanto, quando Khayyám pretende mais do que isso, mais do que limitar-se à tarefa reconhecida e meritória de resolver equações – que não despertam nenhum sentimento, a não ser a certeza de uma verdade matemática –, e produz uma visão de mundo, o que chamaríamos hoje de uma Cosmologia, por meio de versos, essa sua visão é ignorada e desprezada como se fosse pensamento de natureza outra, certamente não científico, simples reflexão pessoal.

Possivelmente, alguém do *establishment* científico de hoje diria, referindo-se aos textos de Khayyám, que eles não merecem serem lidos e, como alguns arrogantes cientistas do Ocidente, afirmaria que nem sequer são errados. Ou seja, não se classificam como atividade de reflexão científica na qual se poderia atribuir um qualificativo, certo ou errado.

Entretanto, curiosamente, as incertezas que ainda hoje os cosmólogos possuem sobre o Cosmos eram apresentadas, naquele século XI, por Khayyám por meio de suas poesias. Com efeito, talvez a mais notável herança desse pensador tenham sido os pensamentos sobre a origem e evolução do Universo e o significado de sua existência, expressando a visão desse Cosmos eterno, sem começo nem fim, com um simbolismo matemático simples, universal e circular em forma de poesia:

Esse círculo dentro do qual vir e ir
Não têm origem e nem algum fim,
Quem poderá contar-nos verdadeiramente
De onde nós viemos e para onde vamos?

Omar, astrônomo, se questiona sobre aquilo que não vê no céu: a origem e o sentido do mundo. Rejeita as certezas impostas pelo poder central e exibe uma revolta contra os religiosos.

Um homem vive só – não é ateu nem crente.
Não é rico nem pobre – vive no presente.
Descrente da verdade, não afirma nada.
Quem será este ser – tão triste e tão valente?

Sua crítica à religião lhe valeu a perseguição quando o sultão Malik Shah, que o protegia e lhe dava ambiente para realizar suas observações astronômicas, morre. Omar é, então, perseguido por suas ideias, em particular pelos religiosos, graças a versos em que explicita sua irreverência:

Quantos Sábios e Santos, com tanta fluência,
Diziam ter desvendado o Enigma da Existência!
Charlatães do saber, foram escorraçados,
E a boca, entregue ao Pó, calou toda eloquência.

Ao questionar sobre nosso saber, assim como o faz Khayyám, devemos refletir sobre o sucesso da Ciência moderna em afastar as crendices populares que impediam as transformações, boas e más, que ela espalhou pela sociedade. Como consequência, perguntar como é possível que ainda hoje existam ingênuos que, como na Idade Média, se deixam guiar por negações religiosas às reflexões da Ciência.

Por fim, aqui está a humanidade, mais de 900 anos depois das indagações de Khayyám, perscrutando continuamente os céus e, por intermédio dos astros, imaginando esses múltiplos momentos de evolução desses outros Universos que vieram antes e virão depois deste. E, com essa prática, é possível dissipar algumas incertezas medievais que transbordam dos versos de Khayyám sobre o conhecimento real do Cosmos, mas, infelizmente, não todas.

Referência

KHAYYÁM, O. *Rubáiyát*: memória de Omar Khayyám. Tradução, apresentação e notas de Luiz Antônio de Figueiredo. São Paulo: Editora Unesp, 2012.

LORENTZ, POINCARÉ, MINKOWSKI E EINSTEIN

O espaço-tempo absoluto

O éter pré-relativista não foi eliminado,
ele foi escondido na geometria do espaço-tempo.

Albert Einstein (1920)

Na virada para o século XX, a Física abandonou a dualidade espaço absoluto e tempo absoluto por uma estrutura única, o espaço-tempo absoluto, saindo da descrição de mais de trezentos anos de dominação newtoniana para assumir a Teoria da Relatividade Especial.

O passo mais crucial dessa teoria foi o abandono da Geometria Euclidiana e a aceitação de uma geometria mais geral, uma particular geometria riemanniana, plana, isto é, de curvatura nula, que recebeu o nome de Geometria de Minkowski.

Nessa nova estrutura, a métrica não impõe que a distância entre dois pontos do espaço-tempo seja sempre positiva definida, como acontece na Geometria de Euclides. Ou seja, uma distância entre dois pontos do espaço-tempo pode ser nula mesmo que esses pontos não coincidam. Essa foi a principal alteração na estrutura da geometria produzida pela junção do tempo às três coordenadas espaciais que passou a representar os fenômenos, localizados como pontos quadridimensionais, configurando o espaço-tempo.

Geometrias não euclidianas especiais haviam sido descobertas pelo matemático russo Nikolai Ivanovich Lobachevsky (1792-1856) e, independentemente, pelo matemático húngaro János Bolyai (1802-1860) pouco antes da formalização mais geral construída por Bernhard Riemann (1826-1866).

Na Geometria Riemanniana, como na euclidiana, as unidades de medida (réguas e relógios) não se alteram em um transporte de um lugar (no espaço-tempo) para outro, o que parece evidente. Entretanto, será visto em capítulo posterior que, tanto no Universo profundo, no macrocosmos, quanto no microcosmos, essa estrutura riemanniana pode ceder lugar a uma especial geometria estabelecida por Hermann Weyl em que aquela propriedade definidora de Riemann não vale. Isso significa que, na Geometria de Weyl, as unidades de medida (réguas e relógios) não são preservadas em um transporte no espaço-tempo. Esse fenômeno não pode ser descrito como um efeito gravitacional, por isso Einstein escolheu a Geometria de Riemann para representar a gravitação.

A construção de uma geometria envolvendo uma coordenada temporal e três coordenadas espaciais só foi possível de ser conectada à Física quando ficou estabelecida, pelas observações, a existência de uma velocidade máxima de propagação de qualquer forma de energia, identificada com a velocidade da luz.

Uma consequência natural da nova geometria consistiu na separação, em cada ponto do espaço-tempo, em três regiões.

Consideremos um vetor quadridimensional cujo módulo é dado por v. Quando $v > 0$, esse vetor pode representar a velocidade de um corpo real; quando $v = 0$, esse vetor representa a velocidade de propagação da luz; quando $v < 0$, esse vetor conecta dois pontos do espaço.

O módulo desse vetor, calculado com a geometria não euclidiana instituída por Minkowski, determina esses setores. Para o módulo positivo, trata-se do território de caminhos de corpos reais no espaço-tempo; o módulo nulo representa os caminhos da luz; e para módulo negativo, representa distâncias espaciais. Diz-se que aquele vetor representa distâncias do tipo-tempo, do tipo-nulo e do tipo-espaço, respectivamente.

O sucesso da interpretação dos fenômenos físicos no interior da estrutura métrica de Minkowski impõe, ainda hoje, mais de cem anos depois de sua institucionalização, que toda a Física tenha como pano de fundo essa geometria. Ou seja, todas as relações e processos descritos na Física – excetuando a gravitação – se desenvolvem nessa estrutura absoluta. Quanto aos processos gravitacionais, serão tratados no próximo capítulo.

Comentário

Poincaré, Lorentz, Minkowski e Einstein elaboraram um dos pilares fundamentais da Física clássica, a Relatividade Especial. Contrariamente ao que a história solidificou, o trabalho de construção da Teoria da Relatividade Especial não foi obra de um homem isolado, mas de um grupo de cientistas. Em particular, uma etapa importante, crucial, para esse desenvolvimento se deve ao matemático francês Henri Poincaré.

Em verdade, a história da Física, bem como em outras áreas que se encontram em divulgação popular, nem sempre reflete com fidelidade alguns aspectos não triviais da elaboração de uma dada teoria. O que se quer enfatizar aqui é o trabalho coletivo e a importância de ressaltar a cooperação, mesmo que ela não tenha sido formalmente explicitada entre diferentes cientistas.

Para isso, deve-se lembrar de alguns comentários sobre a história da Teoria da Relatividade Especial feitos por dois físicos que

Mario Novello

vivenciaram o período de sua constituição, Max Born (1882-1970) e Wolfgang Pauli (1900-1958).

Segundo Born, a Teoria da Relatividade Especial "resultou de esforços conjuntos de um grupo de grandes pesquisadores: Lorentz, Poincaré, Einstein, Minkowski". Em 1955, Pauli afirmou que:

Tanto Einstein quanto Poincaré se posicionaram sobre o trabalho preparatório de H. A. Lorentz, que já havia chegado bem perto do resultado sem, contudo, chegar a ele. Na concordância entre os resultados dos métodos seguidos independentemente um do outro por Einstein e Poincaré, percebo um significado mais profundo de uma harmonia entre o método matemático e a análise por meio de experimentos conceituais, que repousa nas características gerais da experiência física. (Tradução nossa.)

Referências

POINCARÉ, H. *La Science et l'Hypothèse*. Paris: Flamarion, 1902.

RODRIGUES, W. A.; ROSA, M. A. F. The Meaning of Time in the Theory of Relativity and "Einstein's Later View of the Twin Paradox". *Foundations of Physics*, v. 19, p. 705-724, 1989.

WHITTAKER, E. T. *A History of the Theories of Aether and Electricity*. Nova York: Humanities Press, 1973. 2 v. Publicado pela primeira vez em 1953.

EINSTEIN E O ESPAÇO-TEMPO DINÂMICO

No rastro de Ernst Mach: sucesso e dificuldades da Teoria da Relatividade Geral em seu centenário e tentativas recentes de sua superação[2]

> *O que é isso, a gravitação?*
> Albert Einstein (1915)

A gravitação newtoniana e a Teoria da Relatividade Especial (1905-1911)

Na primeira década do século XX, a formulação da Teoria da Relatividade Especial, na síntese realizada por Einstein, criou de imediato uma enorme dificuldade para a Teoria da Gravitação newtoniana até então vigente. Há várias razões para isso, mas a mais direta e simples pode ser sintetizada do seguinte modo: existem somente duas forças clássicas de interação, a gravitação e o eletromagnetismo. Diferentemente dos processos elétricos e magnéticos que foram compreendidos como complementares e intimamente

---

[2] Uma versão preliminar desse artigo foi publicada com o título de "O mistério intrigante da origem da massa" em *Scientific American Brasil* (ano 10, n. 110, p. 37-41, jul. 2011).

associados entre si, a gravitação tem estrutura bastante distinta. É verdade que algumas propriedades exibem semelhança de comportamento, quando, por exemplo, se compara os efeitos associados aos campos gerados por configurações estáticas e compactas. Tanto o campo elétrico gerado por uma carga quanto o campo de força gravitacional produzido por uma massa em repouso apresentam a mesma dependência da fonte e decaimento típico com o inverso do quadrado da distância.

Há, no entanto, uma distinção crucial que deve ser invocada de imediato: a gravitação é somente atrativa, uma propriedade que não é válida na interação eletromagnética que se caracteriza por dois tipos de carga elétrica. Cargas de sinais opostos se atraem, como na gravitação. Cargas de sinais semelhantes produzem repulsão, fenômeno desconhecido dos modos de interação gravitacional. Sabia-se desde então que a dinâmica da interação entre cargas elétricas possui evolução temporal, processo inexistente na gravitação newtoniana. A possibilidade de gerar campos magnéticos a partir do movimento acelerado de cargas elétricas, culminando na unificação dos dois campos, elétrico e magnético, em uma só estrutura – o campo eletromagnético –, permitiu prever a possibilidade da propagação dessa interação sob a forma de ondas. Poincaré, Einstein e outros foram levados, então, a formular a hipótese – até hoje aceita – de que essas ondas se propagam com a mesma velocidade quando livres, no vácuo, isto é, fora de qualquer recipiente material.

O passo seguinte permitiu concluir que essa velocidade deveria ter um papel especial na estrutura da descrição dos fenômenos no mundo. Embora a experiência de cada um de nós não mostre isso, os processos eletromagnéticos estabelecem uma ordem causal no espaço e no tempo, substituindo a ordem newtoniana que se fundamentava em um espaço absoluto e um tempo absoluto. A aceitação de uma única estrutura absoluta, o espaço-tempo, substituiu aquelas duas outras e passou a ser o cenário básico onde os fenômenos devem ser descritos. As propriedades requeridas pela Teoria da Relatividade Especial tornaram impossível a preservação do modo newtoniano de descrição da interação gravitacional, em particular a ausência de uma propagação finita descrevendo sua ação entre os corpos.

Primeiro passo: a tentativa do modo escalar (1911-1912)

Na segunda década do século XX, a conciliação de uma dinâmica gravitacional com os cânones da recente Teoria da Relatividade Especial passou a ser a grande aventura a ser empreendida. Os primeiros passos levaram inevitavelmente à proposta mais simples e natural: transformar o campo gravitacional newtoniano, representado por uma única função φ dependendo das três coordenadas do espaço (x, y, z), em uma função escalar Φ, definida sobre a nova estrutura espaço-tempo, determinada pelas coordenadas (t, x, y, z). Foi o caminho seguido por Nordström, Einstein, Abraham, Mie, Laue e outros. No entanto, a proposta feita por Nordström e Einstein para estabelecer a dinâmica desse campo escalar e seu modo de interação com a matéria resultou ser ineficiente e contraditada pela observação, o que os levou logo em seguida a rejeitá-la. Como pareceu a esses cientistas que o tratamento examinado da dinâmica do campo gravitacional, descrito por uma função escalar, era praticamente único, e que não havia alternativa viável à sua proposta, eles concluíram, um pouco precipitadamente, que se deveria abandonar não somente as hipóteses que permitiram estabelecer seu modelo de dinâmica (o que seria a conclusão lógica correta), mas foram muito além abandonando a possibilidade de construir uma teoria da gravitação tendo como base um campo escalar (uma extrapolação indevida, como veremos).

Para dar uma ideia do grau de dificuldade que eles encontraram, basta apontar duas das particularidades indesejáveis do modelo especial desenvolvido por Einstein a partir da Equação de Movimento do Campo Escalar sugerida por Nordström. Nessa teoria, a fonte do campo gravitacional é determinada por uma única quantidade associada à energia, o traço do tensor momento-energia, representado pela letra T, que, calculada nos diversos tipos de fluidos e radiação, consiste no valor $T = E - 3p$, isto é, na diferença entre a densidade de energia e três vezes a pressão correspondente. Acontece que essa quantidade é nula no caso do campo eletromagnético. Como consequência, os fótons – o modo de propagação do campo eletromagnético – não podem interagir com a gravitação, o que não é corroborado pela observação.

A segunda particularidade estava relacionada à hipótese sobre a forma da modificação que o campo escalar da gravitação provocaria na métrica de Minkowski estabelecida na Relatividade Especial. Einstein aceitou a hipótese, comum a vários físicos da época, de que a única possibilidade de um campo escalar produzir alteração na métrica de Minkowski seria por meio de um fator multiplicativo, limitando, desse modo, as possíveis formas da métrica às geometrias conformalmente planas. A ideia de que a gravitação poderia ser descrita por alterações da geometria ficava, nesse contexto, extremamente reduzida e era uma razão a mais para dificultar a interação da gravitação com o campo eletromagnético. Isso se deve à propriedade da Teoria de Maxwell do eletromagnetismo ser invariante por uma transformação conforme. Assim, tudo se passaria como se o campo eletromagnético não sofresse a ação gravitacional.

Os construtores do Cosmos | Einstein e o espaço-tempo dinâmico

A impossibilidade de harmonizar essas propriedades de seu modelo com os fenômenos observados levou Einstein a abandonar a ideia de construir uma teoria da gravitação com um campo escalar nos moldes propostos por Nordström. Hoje deve-se reconhecer que essa decisão foi precipitada, pois antes de considerar a Teoria Escalar fora da classe das possíveis teorias da gravitação, tem-se que responder à questão: existe, para além da proposta de Einstein-Nordström, alguma alternativa que seja suficientemente geral e capaz de descrever os fenômenos gravitacionais, tendo por base a hipótese de que o campo gravitacional é representado por uma função escalar? Mais adiante, pode-se ver que a resposta é positiva, se restrita a sistemas em equilíbrio, e que são necessários dois campos escalares para poder representar configurações fora do equilíbrio.

Durante os anos de 1912 a 1915, Einstein elaborou, com o apoio de seu amigo matemático Marcel Grossmann, a geometrização da gravitação. Seria possível conciliar a ideia de geometrização com sua proposta inicial de pensar a gravitação como o efeito atribuído a um campo escalar e que não ficasse limitada às métricas do tipo- -conforme? Einstein não era muito familiar com as inextricáveis propriedades da geometria riemanniana, pouco conhecida dos físicos àquela época, e procurou auxílio junto a seus colegas matemáticos. Concluiu, orientado por eles, que essa possibilidade seria de difícil realização, praticamente impossível de ser construída.

Foi levado então a substituir a função newtoniana φ com que se descrevia a gravitação não mais pela única função Φ que pensara (e que necessitava para explicar o fenômeno que estava examinando – corpo em queda livre no elevador), mas, sim, por dez funções, o número máximo necessário para especificar qualquer geometria riemanniana a quatro dimensões. Por trás dessa argumentação, encontrava-se a ideia, que parecia a Einstein fundamental, de que estava generalizando o grupo de covariância do espaço-tempo, passando do grupo de simetria de Lorentz da Relatividade Especial para o grupo arbitrário de transformações de coordenadas.

E, no entanto, a história da gravitação poderia ser diferente se Einstein e Nordström tivessem dedicado mais atenção e cuidado a uma alteração dos processos gravitacionais sugerida pelo físico alemão Max Abraham. Com efeito, se aqueles cientistas tivessem examinado atentamente uma proposta de Abraham, mesmo sendo ela em sua maior parte equivocada, poderiam retirar dela uma verdade colateral que lhes ajudaria muito, a saber: a possibilidade de representar uma geometria riemanniana usando derivadas de um campo escalar. Desse modo, isso teria permitido conciliar a ideia de que a interação gravitacional está associada a alterações na geometria do espaço-tempo, com a proposta original na qual o campo gravitacional é descrito por um campo escalar. Isso não conteria todas as geometrias possíveis, mas, sim, uma subclasse. A questão passaria então a ser: essa subclasse é suficientemente ampla para descrever os fenômenos gravitacionais? Uma análise mais cuidadosa mostra que isso não é possível somente com um campo escalar, mas parece ser possível com dois campos. Ou seja, com duas funções se descreveria a gravitação para além da forma newtoniana, aceitando-se a hipótese einsteiniana de que o fenômeno gravitacional pode ser representado por alterações na geometria do espaço-tempo.

Deve-se notar aqui que, também na Relatividade Geral (RG), as dez funções da métrica acabam, depois de uma série de considerações formais, reduzidas somente a dois graus de liberdade: todas as oito funções adicionais são supérfluas e dizem respeito a escolha particular de representação. A dificuldade é que não se conhece um método operacional para separar formalmente esses dois únicos graus de liberdade das demais funções. Dito de outro modo, na RG não se conhece um algoritmo para especificar essas duas funções em qualquer processo gravitacional.

Segundo passo: gravitação é geometria (1915)

O caráter universal da força gravitacional permitiu, no século XX, a primeira bem-sucedida modificação à teoria de Newton. Com efeito, sabe-se da observação que todo corpo é atraído por outro corpo qualquer, independentemente de sua constituição química. Não há nenhuma forma de matéria e/ou energia que seja imune à ação dessa força. Em verdade, tudo que existe sente a interação gravitacional. Talvez o modo mais contundente de se referir a esse caráter universal da gravitação esteja contido na afirmação:

"Caio, logo existo!"

Isso significa que não existe nenhum corpo material ou forma de energia que esteja isento de interação gravitacional. Toda matéria, todo corpo, toda partícula, elementar ou não, toda forma de energia possui interação gravitacional. Essa propriedade é única, pois a outra força de longo alcance conhecida – a força eletromagnética – não possui essa propriedade. De fato, existem corpos materiais compostos ou elementares – como a partícula chamada neutrino – que podem passar incólumes por uma região onde exista um campo eletromagnético sem que sejam influenciados de forma alguma por esse campo: eles não possuem interação eletromagnética!

Foi precisamente esse caráter universal da força gravitacional que permitiu pensá-la como uma força completamente distinta de todas as outras que os físicos conhecem. Com efeito, posto que tudo que existe sente a ação de um campo de força gravitacional, não seria possível – perguntou-se Einstein – substituir sua descrição por algum tipo de fenômeno associado à natureza do substrato único que permeia toda a matéria e energia, que está em contato íntimo com toda a matéria e energia que existe, ou seja, o contínuo espaço-tempo? Neste ponto Einstein introduziu um novo conceito, argumentando que a força gravitacional poderia ser identificada com a estrutura da geometria do espaço-tempo. Ato seguinte, modificou a teoria então vigente, argumentando que a dinâmica newtoniana é uma teoria aproximada, capaz somente de descrever campos fracos. A nova dinâmica requeria uma relação entre a geometria e o conteúdo material/energético existente na região onde se passa a interação gravitacional.

A Teoria da Relatividade Especial de 1905 foi o momento culminante de uma longa aventura do pensamento, unificando a descrição da Física, ao fundir o espaço tridimensional ao tempo e formar uma nova unidade, a estrutura espaço-tempo. A base da geometria da Relatividade Especial consiste em uma configuração rígida, fixa, imutável, e constitui a arena, o pano de fundo de todos os processos físicos.

Na Teoria da Relatividade Geral, em 1915, Einstein deu um enorme passo ao sugerir que a força gravitacional pode ser descrita como uma modificação efetiva da geometria do espaço-tempo. As equações dessa teoria relacionam o modo pelo qual uma dada distribuição de matéria e/ou energia de qualquer forma determina a geometria do espaço-tempo.

Ao longo do século XX, a RG se firmou como uma boa teoria da gravitação, capaz de descrever o Universo macroscópico desde nossa vizinhança, o Sistema Solar, configurações várias de estrelas em combinação com a Física nuclear, e aspectos globais em Cosmologia. Tem sido, inclusive, extrapolado seu território de validade para

Os construtores do Cosmos | Einstein e o espaço-tempo dinâmico

configurações de campo forte, como no caso ideal de buracos negros, e apresentado explicações convincentes para a existência de certas propriedades dinâmicas de pulsares. No entanto, tanto formalmente – na tentativa de produção de uma unificação com as demais forças elementares microscópicas – quanto em alguns aspectos observacionais no Universo, ela tem sido alvo de críticas e modificações. O importante princípio que se deve reter é a interpretação geométrica da gravitação. Ou seja, os processos gravitacionais são descritos por alteração na geometria do espaço-tempo. Essa alteração pode ser feita de diversas formas. Ela pode estar associada a um campo escalar, espinorial ou tensorial. Einstein optou por esse último. Aqui será comentado o caso do campo escalar, deixando os demais para outra ocasião.

Dificuldades na Cosmologia

Os estudos mais importantes propondo alterações na dinâmica da Relatividade Geral apareceram na década de 1970. Havia duas causas maiores para essas alterações, ambas de caráter formal: a tentativa de quantizar o campo gravitacional e a questão da singularidade cósmica. Em verdade, a disposição para modificar a dinâmica gravitacional é uma ideia antiga. Foi o próprio Einstein quem argumentou, no início da década dos anos 1950, que em situações críticas do campo gravitacional, quando sua intensidade é bastante elevada e a curvatura da métrica do espaço-tempo atinge valores além de um certo limite (como ocorre na singularidade presente nos modelos cosmológicos de Friedmann), muito provavelmente a dinâmica assumida na RG deveria ser alterada. Foi exatamente essa linha de orientação que se desenvolveu nos anos 1970 a partir das questões cosmológicas.

Os físicos adotaram duas atitudes sobre a questão da singularidade. Alguns procuraram caminhos para tentar eliminá-la, produzindo alterações na dinâmica da RG, seja por meio de formas especiais da matéria ou por diversos tipos de acoplamento não mínimo entre a matéria e a curvatura do espaço-tempo. Em outra linha de investigação, a presença da singularidade na solução cosmológica que representa nosso Universo foi entendida como uma possibilidade real e até mesmo inevitável. A tentativa de axiomatização da questão cosmológica será analisada mais adiante. A questão se reduziria, então, a investigar as propriedades especiais que o campo gravitacional poderia exibir na vizinhança da singularidade, como descrito no capítulo sobre Lifshitz.

Além dos teoremas

Os primeiros programas para responder às dificuldades contidas nos modelos de universos com singularidade datam do começo dos anos 1960. As propostas examinadas concentraram-se na modificação da dinâmica da Relatividade Geral. O modo mais simples consistia em alterar a RG que está baseada em uma dinâmica gerada por uma função linear da curvatura R em uma função dessa variável. No início, pensou-se em algumas alterações simples e específicas da sua dinâmica, para, ao longo do século XXI, concentrar-se na expressão fenomenológica genérica de uma função arbitrária, $f(R)$, que deveria produzir as propriedades desejáveis para compatibilizar com as interpretações adotadas os dados observacionais.

Em 1998 uma nova questão aparece, quando observações efetuadas em certos tipos de estrelas (supernovas) levaram à proposta – imediatamente aceita pela maioria dos cientistas envolvidos – de que o Universo estaria sendo acelerado. Uma tal conclusão, mesmo que provisória, criou uma dificuldade enorme, de difícil reconciliação, com o modelo-padrão da Cosmologia e levou alguns físicos à argumentação de que se deveria definitivamente alterar a dinâmica gravitacional. Os modelos do tipo $f(R)$ passaram, então, a ter grande aceitação na comunidade científica. Havia outro caminho para resolver essas questões que a RG enfrentava que não fosse uma simples alteração de sua dinâmica? Seria possível realizar uma alteração mais profunda, menos simplista e *ad hoc* como essa? Assim como a RG teve, em seus primeiros passos, sua inspiração em Mach, a proposta de retornar à ideia de associar a interação gravitacional a um campo escalar apareceu de modo semelhante.

Mach e o retorno às origens da questão gravitacional

A ideia de procurar resolver as dificuldades da Teoria da Relatividade Geral por meio de um retorno às ideias originais, com as quais os cientistas, no começo do século XX, propuseram uma nova teoria da gravitação que fosse além de Newton, tem origem nos trabalhos do filósofo e cientista Ernst Mach. De acordo com sua orientação, o modo natural de realizar uma profunda modificação em uma teoria paradigmática requer uma etapa preliminar de retorno às ideias primordiais, nas quais a teoria se construiu, e ao caminho histórico que ela seguiu até alcançar o estágio atual de paradigma. Só assim se poderia estabelecer as bases para uma reforma eficiente e profunda daquela teoria, capaz de produzir condições de sua aceitação. Teorias alternativas podem, então, emergir. É claro que essa possibilidade não é garantia de sucesso da nova proposta que pretende substituir ou modificar substancialmente a teoria estabelecida. No entanto, esse caminho é aquele que um cientista deveria seguir para produzir uma alternativa que tivesse raízes profundas, além de uma superficial mudança da dinâmica da antiga teoria.

Foi assim que surgiu a ideia de reexaminar uma Teoria Escalar da Gravitação e, cem anos depois do nascimento da RG, propor a questão: é possível conciliar a ideia original de identificar o campo gravitacional com uma função escalar – como primeiramente tentado por Einstein, Nordström e outros – com a ulterior argumentação de tratar a gravitação como um fenômeno geométrico? Abandonar a ideia de um campo escalar e colocar em seu lugar dez funções, como se construiu a RG, permitia uma alternativa intermediária? Seria possível conciliar essas duas ideias permitindo o aparecimento de uma eficiente descrição dos fenômenos gravitacionais? Seria possível contornar as dificuldades de associar o processo gravitacional como efeito de um campo escalar? Hoje, podemos afirmar que essas questões admitem "sim" como resposta, ao reconhecermos que o abandono por Nordström e Einstein da Teoria do Campo Escalar está ligado à dificuldade em produzir uma forma de geometria riemanniana utilizando somente uma variável, identificada com um campo escalar, além da má escolha da dinâmica que eles haviam feito. Foram essas dificuldades que tornaram esse caminho àquela época, um *Holzwege*, um caminho que não leva a algum bom lugar.

A nova versão da Teoria Escalar teve suas raízes em um território inesperado e que não tem ponto de contato imediato com a gravitação, mas que admite a descrição de outros fenômenos físicos usando as mesmas ferramentas matemáticas que a RG. Isso veio da interação eletromagnética dos corpos dielétricos em movimento e da ideia de utilização da mesma análise geométrica da Relatividade Geral e que W. Gordon, em 1923, usou para descrever o movimento dos fótons em meios dielétricos em movimento. Como a questão é por demais técnica, não se estenderá aqui; aconselha-se o leitor interessado a consultar as referências.

Terceiro passo: unificando geometria e o campo escalar (Teoria Geométrica-Escalar da Gravitação – GSG, do inglês Geometric Scalar Gravity)

A ideia de que a interação gravitacional deveria estar intimamente associada à geometria do espaço-tempo foi consequência de longas e frutíferas conversas de Einstein com Michele Besso e Marcel Grossmann, as quais o levaram a considerar os dez componentes que caracterizam uma geometria riemanniana a quatro dimensões como as variáveis necessárias para especificar a interação gravitacional.

Nesse meio tempo, Max Abraham havia encontrado um modo de descrever a métrica em função de um campo escalar que não fosse limitado às geometrias do tipo-conforme. No entanto, o mau caminho proposto por ele para representar a gravitação impediu que essa técnica pudesse ser considerada mais seriamente e que a Teoria Escalar pudesse ser àquela época, na segunda década do século XX, conciliada com a identificação da gravitação à geometria.

Foi só recentemente que, ao usar as técnicas aprendidas na elaboração das métricas efetivas, se pôde finalmente concluir o trabalho original de Einstein-Nordström, eliminando as dificuldades tradicionais que aquela proposta original trazia em seu interior. Para entender isso, deve-se lembrar que a estrutura formal da Teoria da Relatividade Geral de Einstein está fundamentada em duas hipóteses independentes:

1. A gravitação é um fenômeno que pode ser descrito por modificações no modo de descrever as distâncias no espaço-tempo, ou seja, é um fenômeno métrico;

2. A dinâmica gravitacional opera sobre essa métrica.

Ao reconhecer a independência dessas duas hipóteses, pode-se elaborar uma teoria métrica da gravitação que não se identifica com a RG. Mais especificamente, pode-se estabelecer uma teoria na qual a gravitação é um processo que pode ser tratado como uma modificação da geometria do mundo sem que sua dinâmica seja necessariamente dependente da métrica, mas, sim, seja consequência da dinâmica imposta sobre campos mais elementares, como o campo escalar na Teoria Geométrica-Escalar da Gravitação. Uma tal teoria tem sido examinada nos últimos tempos, em que o campo gravitacional é associado a uma única função, um campo escalar. Ela é capaz de explicar processos que poderíamos chamar newtonianos ou de sistemas em equilíbrio, como o Sistema Solar e a Cosmologia. Quanto aos processos fora do equilíbrio, envolvendo corpos em rotação, fluxo de calor e ondas gravitacionais, essa teoria precisa ser ampliada para dois campos escalares. Assim, conseguiu-se, sem alterar aquilo que é fundamental na RG, conciliar a hipótese einsteiniana de que a gravitação é um processo de modificação da geometria do espaço-tempo e, ao mesmo tempo, voltar às origens dos primeiros passos de Einstein, usando a possibilidade de descrever a geometria por meio de uma (ou duas) função escalar.

A geometria efetiva será comentada posteriormente, no capítulo "Buraco negro não gravitacional". Foi ali o início do pensamento de que ela contém os ingredientes formais necessários para realizar a belíssima ideia da gravitação envolvendo modificação nas distâncias espaço-temporais – a ideia-farol de Einstein –, com a possibilidade de abandonar a exigência de admitir que a dinâmica da gravitação deva ser imposta sobre a geometria e não sobre uma outra quantidade que lhe está associada. Ao aceitar essa possibilidade, ao permitir esse outro caminho, uma forma especial da geometria aparece. É que em todos os processos efetivos a forma da métrica se escreve como uma perturbação (não necessariamente fraca) do espaço-tempo plano de Minkowski através de uma forma binomial. Assim, começa-se a pensar que talvez a forma mais geral da métrica, capaz de ser coerente com a proposta escalar original de Nordström-Einstein, envolveria igualmente uma forma binomial. Com efeito, estava-se a caminho de uma formulação geométrica da gravitação, apoiada sobre as ideias originais de Einstein, sem que fosse obrigado a aceitar a hipótese segundo a qual a descrição da dinâmica do campo gravitacional é determinada por equações às quais a métrica do espaço-tempo deve obedecer.

Conclusão

O filósofo Hans Blumenberg cita uma metáfora de Kant que poderia ser usada aqui para sintetizar o que foi comentado nesse texto e que motiva o retorno às ideias que circulavam na comunidade científica, no começo do século XX, nas origens da Teoria da Relatividade Geral.

Viu-se que a escolha de dez funções na caracterização da métrica do espaço-tempo, usada por Einstein na substituição da função única com a qual Newton descrevia os fenômenos gravitacionais, foi talvez excessiva. Não se pode dizer que tenha sido desnecessária, pois ela permitiu aprofundar a proposta de identificação da gravitação como um processo geométrico, dentro do cenário proposto pela RG. Teria sido, então, um exagero?

Kant apresenta, em sua *Crítica da razão pura*, a metáfora da casa: se não tenho tijolos suficientes, não consigo construir uma casa; se tenho tijolos demais, alguns deles terão de ser deixados de lado.

No primeiro caso, a construção é impossível; no segundo caso, tem-se um desperdício.

A ideia de Einstein de geometrizar a gravitação foi um grande empreendimento. No entanto, a GSG sustenta que não é indispensável usar todos os dez componentes da métrica para implementar sua ideia de geometrização. Alguns desses tijolos podem ser deixados de lado. É claro que se tenho mais tijolos do que necessito, ou seja, instrumentos formais em excesso além do necessário, dispondo, assim, de mais variáveis para usar, é possível, por excesso, compatibilizar observações com a teoria. Mas a questão é: não se estaria usando uma estrutura formal exagerada, maior do que aquela necessária para explicar os fenômenos? Ao retornar às questões primeiras da gravitação, conforme exposto por Einstein e outros físicos, dá-se conta de que o caminho original do campo escalar, por ele abandonado, pôde seguir adiante e produzir uma teoria da gravitação livre das dificuldades que foram pensadas, àquela época, como insuperáveis. É precisamente por responder afirmativamente a essa questão, diminuindo o número de funções necessárias à produção de uma Teoria Métrica da Gravitação – dentro do espírito original da proposta de 1915 de Einstein –, que a Teoria Escalar Métrica (GSG, para sistemas em equilíbrio) e sua extensão com dois campos escalares (EGSG, para sistemas fora do equilíbrio) foram construídas. E é por isso que se deve a GSG como tendo reaberto um caminho a ser percorrido. Se ela irá efetivamente tomar o lugar da RG, não se pode hoje decidir. Até onde ela foi exigida – processos gravitacionais no Sistema Solar, Cosmologia de um Universo em expansão (ou seja, sistemas em equilíbrio, descritos por um só campo escalar na GSG) ou corpos em rotação, ondas gravitacionais (isto é, sistemas fora do equilíbrio, descritos por dois campos escalares na

EGSG) – ela tem respondido de modo satisfatório, compatível com os fenômenos observados.

No momento em que essa nota foi escrita, a única distinção favorável à RG está relacionada à radiação gravitacional de pulsar binário. Enquanto essa teoria produziu uma explicação coerente desse fenômeno, a Teoria Escalar Geométrica ainda não examinou essa questão. Pode-se entender essa incompleta situação lembrando que foram necessárias décadas de trabalho teórico para que a fórmula da RG, que propõe uma explicação para esse fenômeno, fosse conhecida. A GSG/EGSG é uma teoria recente e devemos esperar sua explicação desse fenômeno para poder compará-la com a RG. Enquanto ela não o fizer, a RG mantém-se como aquela que melhor descreve processos gravitacionais. Mas, como diz Paolo Rossi (2010), a Ciência é um jogo de alteração constante, de superação inevitável.

De qualquer modo, não deixa de ser motivo de reflexão perceber, como pôde ser visto, que a proposta de associar um campo escalar como o verdadeiro processo de interação gravitacional pode ser conciliada com a ideia ulterior (que determinou o surgimento da RG via sua realização) na qual gravitação é um fenômeno que está intimamente relacionado à estrutura das distâncias no espaço--tempo. Tivesse Abraham conseguido ser ouvido e desenvolvido coerentemente sua ideia de procurar estabelecer uma geometria a partir de derivadas de campo escalar, talvez Einstein não tivesse sequer pensado em transformar todas as dez funções da métrica em variáveis do campo gravitacional, por uma simples questão de economia formal. Mas isso é dito só por diversão, pois esse argumento pertence ao território da fantasia, da imaginação.

O fato concreto que se deve reter é que a ideia original de Nordström, Einstein e outros, que no começo do século passado tentaram construir uma Teoria da Gravitação tendo como base um campo escalar, é possível de ser implementada de modo semelhante como a RG se desenvolveu, isto é, por meio de sua geometrização. Esse longo comentário serve para esclarecer que, embora a gravitação seja a mais antiga de todas as forças conhecidas, ela ainda não está completamente entendida. A Teoria da Relatividade Geral dominou por cem anos o cenário gravitacional graças ao sucesso obtido pela explicação convincente de vários fenômenos, mas tem visto uma série de questões aparecerem, sobretudo em Cosmologia, que não podem ser explicadas no cenário-padrão baseado na teoria de Einstein de 1915. As diversas propostas de modificação da RG, que contaminaram a análise dos fenômenos gravitacionais nas últimas décadas, apontam numa superação desse cenário, levantando a suspeita de que devemos esperar novidades na resposta à questão fundamental, renovada por Einstein em 1915, que ainda hoje permanece atual e que a fazemos nossa: afinal, o que é isso, a gravitação?

Reminiscência

Como foi dito anteriormente, toda atividade científica é uma tarefa coletiva, embora essa verdade seja, o mais das vezes, esquecida pelo *establishment*. Isso é um fato verdadeiro, mesmo quando alguma teoria pareça ser obra de um único cientista. Consideremos o caso típico da Teoria da Relatividade Geral que, usualmente, é apontada como obra de uma só pessoa, Albert Einstein.

É fácil, para um especialista, perceber uma linhagem de cientistas que permitiram o desabrochar dessa teoria. Pode-se citar, por exemplo, o matemático Bernhard Riemann que, em sua apresentação para o cargo de livre-docente, escolheu por tema "Sobre as hipóteses que servem de fundamento à geometria", em 10 junho de 1854, o qual estabelece a estrutura geométrica que permitiu a elaboração, em um primeiro momento, da Teoria da Relatividade Especial e, posteriormente, da Relatividade Geral. Ele sugere claramente que deveria haver uma conexão entre a geometria do mundo e a Física. Sua tese termina da seguinte forma:

Uma decisão sobre estas questões [a estrutura da geometria] só pode ser encontrada a partir da estrutura do fenômeno que foi observada da experiência realizada até aqui, na qual Newton estruturou a fundação, e modificando essa estrutura gradualmente sob a compulsão dos fatos que ela não pode explicar. Tais investigações que partem, como esta presente, de noções gerais só podem promover o propósito de que esta tarefa não seja dificultada por concepções muito restritas, e que o progresso na percepção da conexão das coisas não deve ser obstruído pelos preconceitos da tradição.

Esse caminho leva ao domínio de outra Ciência, ao domínio da Física, no qual a natureza da presente ocasião nos proíbe de penetrar. (Tradução nossa.)

Ou seja, Riemann aponta que a escolha de qual geometria deveria ser aplicada ao mundo real depende dos processos descritos na Física, antecipando a proposta da Relatividade Geral.

Referências

BITTENCOURT, E. *et al.* Analogue Black Holes for Light Rays in Static Dielectrics. *Classical and Quantum Gravity*, v. 31, 145007, 2014.

MEHRA, J. *Einstein, Hilbert and the Theory of Gravitation.* D. Reidel Publish Company, 1974.

NOVELLO, M. *Do Big Bang ao Universo eterno.* Rio de Janeiro: Zahar, 2010.

NOVELLO, M. *et al.* Geometric Scalar Theory of Gravity. *Journal of Cosmology and Astroparticle Physics*, 2013.

NOVELLO, M. *O que é Cosmologia?* – A revolução do pensamento cosmológico. Rio de Janeiro: Zahar, 2006.

NOVELLO, M.; BERGLIAFFA, S. *Physics Reports*, v. 463, n. 4. Elsevier, 2008.

ROSSI, P. *O passado, a memória, o esquecimento*: seis ensaios da história das ideias. Editora Unesp, 2010.

VIZGIN, V. P.; SMORODINSKII, Ya. A. *Soviet Physics Uspekhi*, v. 22, n. 7, p. 489-513, 1979.

PRIMEIRO DIÁLOGO
COM A METACOSMOLOGIA

O encantamento do real e do virtual

A metacosmologia analisa os territórios que a Cosmologia se esquivou de examinar

Entre os problemas que a Cosmologia se propõe examinar, alguns não possuem significado no interior do corpo formal da Física, ou melhor, não podem sequer ser ali formulados. Dentre esses está aquele que muitos cientistas argumentam ser seu objetivo maior: qual a origem do Universo? Teria ele um começo, separado de nós por um tempo finito, ou seria eterno?

A Cosmologia e sua extensão natural, a metacosmologia, ultrapassa os limites da Física por que tem como objetivo a descrição da origem de tudo que existe: a matéria, a energia, a estrutura do espaço-tempo e até mesmo a pergunta mais fundamental entre todas: por que existe alguma coisa e não nada?

A seguir são enumeradas algumas dessas questões que até muito recentemente os cientistas não atacaram frontalmente, considerando-as fora do alcance da Ciência e tratando-as como pertinentes exclusivamente a outro território, a Filosofia. Com a Cosmologia e sua extensão natural, a metacosmologia, veremos como propostas de solução estão sendo examinadas, com bastante sucesso.

O nada

Por que existe alguma coisa e não nada? Alguns filósofos, como alguns matemáticos, consideram essa uma falsa questão. A acreditar em Russell, se não existe nada, existe, então, o conjunto vazio. A partir dele, constrói-se um número infinito de subconjuntos, estruturas, coisas matemáticas. Coisas. E o vazio se enche.

O vazio cheio

O vazio completo de matéria e desta substância sempre presente, o espaço-tempo isento de qualquer deformação, estaria na origem de tudo que existe. O Universo se construiu através de um tempo de existência enormemente grande – que, sem temor algum, chamaríamos de infinito – em que a matéria é uma consequência natural de transformação, de transfiguração, daquele vazio. Se é assim, abre-se, então, uma eficiente resposta à questão anterior, isto é, existe alguma coisa e não nada porque o vazio é instável, não pode permanecer vazio.

Matéria ou antimatéria?

Para os físicos, a questão cosmológica é outra: por que existe a matéria e não antimatéria no Universo? Dirac mostrou que no microcosmos existe uma simetria matéria-antimatéria. Por que então elas não se aniquilaram, gerando um mundo distinto do atual, repleto de radiação, luz, fótons, impedindo, assim, a presença humana?

A questão causal

Como atravessar esses caminhos que levam ao passado e que Gödel, desafiando as formas convencionais do espaço-tempo em homenagem a Einstein, pacientemente construiu? Como entender esse mistério temporal, que a gravitação universal permite, no qual ao caminhar em cada momento para o futuro estamos nos aproximando do passado? Como uma tal sentença pode ser despida de um caráter ridículo de fantasia?

Local ou global?

Passar das fórmulas infinitesimais associadas às equações diferenciais, típicas da Física newtoniana, às expressões globais, até então submersas no imaginário e que a Cosmologia, por meio de formas topológicas, teve o cuidado e a inesperada tarefa de trazer à superfície, conduz a um modo de pensar que vai além do simples cálculo matemático. Ela requer um passo além de uma dicotomia nostálgica que nada mais faz do que exprimir um evitável duelo local-global.

A questão teleológica

As propriedades específicas da matéria e a evolução do Cosmos se associam com um objetivo final? A massa das partículas elementares, por que tem precisamente este valor que medimos? As constantes das interações, a carga do elétron, a massa do neutrino, por que possuem este valor preciso e não outro? Estariam esses valores relacionados à estabilidade deste Universo, permitindo sua existência por um tempo suficientemente longo para o aparecimento da vida? A explicação da aparência do Universo estaria assim à nossa espera?

O todo e as partes

Deve-se rever a questão que aflige alguns pensadores, como Nietzsche descreveu, em sua programação inacabada sobre a teleologia de Kant, ao afirmar que "o todo não condiciona necessariamente as partes, enquanto as partes condicionam necessariamente o todo".

Ou, ao contrário, se deveria ler atentamente o matemático filósofo Lautman que nos conduz a aceitar uma simbiose benéfica a ambos – as partes e o todo? A Cosmologia traz à cena a afirmação de que podemos falar da totalidade do mundo identificando-o com essa estrutura riemanniana quadridimensional, espaço-tempo, que constitui um substrato imaterial para a descrição iterativa de todos os processos que chamamos a realidade.

Se essa totalidade resiste ou não aos ataques dos filósofos não é a questão, não é relevante, pois aqui, preferencialmente, se incentiva o diálogo. Se as posições de uns e outros são opostas, deve-se entendê-las como uma questão formal, passageira. O diálogo deve permanecer. É por meio de Lautman que a matemática se intromete para gerar um modo comum a físicos e filósofos de tratarem a questão das partes e do todo, permitindo esse diálogo.

Reconhece-se, então, que o que está em questão não é a negação da certeza do outro, mas o jogo de pensar como entretenimento da vida.

Infinitos

Chegamos finalmente a Georg Cantor, esse criador de uma multiplicidade de infinitos, gerando uma sucessão ilimitada de labirintos. O que fazer com esses transfinitos? Como escapar deles? Atirá-los ao lixo das ideias utópicas?

Os filósofos vão encontrar os físicos. Mas é de matemática que se trata. Cantor não oferece a realidade, mas provoca a criação de caminhos para a entrada de mundos conduzindo a outros mundos, em uma sucessão inesgotável de universos.

Referências

CANTOR, G. *Contributions to the Founding of Transfinite Numbers*. Ed. Dover, 1915.

DIRAC, P. A. M. *Lectures on Quantum Field Theory*. Nova York, 1966.

LAUTMAN, A. *Les Mathématiques, les Idées et le Réel Physique*. Paris: Librarie Philosophique J. Vrin, 2006.

NIETZSCHE, F. *La Téléologie à Partir de Kant*. Paris: Association Culturelle Eterotopia France, 2017.

NOVELLO, M.; BERGLIAFFA, S. E. P. Bouncing Cosmologies. *Physics Reports*, 2008. Disponível em: https://cosmosecontexto.org.br/bouncing-cosmologies. Acesso em: 4 abr. 2023.

NOVELLO, M. Manifesto Cósmico. *In*: NOVELLO, M. *O Universo inacabado*. 1. ed. São Paulo: N-1 Edições, 2018. Disponível em: https://cosmosecontexto.org.br/manifesto-cosmico/. Acesso em: 29 mar. 2023.

ALEXANDER FRIEDMANN

O homem que pôs o Universo em movimento

A Cosmologia moderna tem uma data de nascimento definida: 1917, quando Einstein aplicou sua Teoria da Gravitação, a Relatividade Geral, ao Universo, estabelecendo as bases para a constituição de um modelo global do Cosmos.

Impulsionado pela ideia apriorística de que o Universo deveria ser estático, Einstein desenvolveu uma geometria, uma solução para suas equações da RG, independente do tempo global. A principal consequência dessa hipótese levou Einstein a introduzir um efeito cósmico sobre as leis da Física, a famosa constante cosmológica.

Para obter uma solução de suas equações gravitacionais que atendesse a seu critério apriorístico sobre as características geométricas do Cosmos, Einstein levantou a hipótese de que, além da matéria convencional e de todas as formas conhecidas de energia em Física observadas em laboratórios, existe outra forma de energia cuja presença só poderia ser observada em propriedades globais do espaço-tempo.

Em outras palavras, haveria uma nova forma de energia desconhecida até então pela Física que só teria um efeito real em escala cósmica e seria totalmente irrelevante procurar descrever o efeito da constante cosmológica em configurações localizadas, como na Terra, no Sol ou em regiões próximas às estrelas. Ela desempenharia um papel importante somente em grandes dimensões do espaço-tempo no Universo. Ou seja, sub-repticiamente, Einstein iniciou uma crítica das leis físicas no nível cósmico ao assumir uma mudança nas leis físicas do Universo.

No entanto, a proposta não foi desenvolvida e sua relevância para outras leis físicas não teve consequências imediatas. Essa ideia caiu no esquecimento por mais de uma década. A principal razão para isso foi o surgimento de uma proposta de Universo dinâmico que ofuscou essa questão.

Essa propriedade estranha, representada pela constante cosmológica, produziu reflexos negativos cujo resultado foi a primeira crítica cosmológica do cientista russo Alexander Friedmann que, em 1922, produziu um modelo dinâmico de um Universo em expansão no qual o volume total do Universo varia com a passagem do tempo cósmico.

As observações astronômicas, anos depois, consolidaram esse cenário de um Universo em expansão como o modelo-padrão da Cosmologia. Entre outras qualidades, a proposta de Friedmann permitiu iniciar a análise da origem do Universo.

As propriedades básicas da Solução de Friedmann estão em bom acordo com as observações astronômicas, a saber:

- O Universo é espacialmente homogêneo e isotrópico, ou seja, não existe nem posição nem direção privilegiada no espaço;
- Existe um tempo global que permite a descrição completa do espaço-tempo num sistema de coordenadas gaussiano, em que se separa tempo (unidimensional) e espaço (tridimensional);
- O volume varia com o tempo.

Nesse modelo, o Universo teria começado a existir em um tempo finito a partir de um momento singular em que todas as quantidades físicas, como a densidade de energia e a temperatura, assumiriam

Os construtores do Cosmos | Alexander Friedmann

valor infinito. Longe de resolver a questão cosmológica, ele trouxe um modelo em que a existência do mundo dependeria de um momento irracional, impossível de ser descrito pelas leis da Física.

Serão tratadas mais adiante as soluções apresentadas pelos cosmólogos a essa dificuldade extrema do modelo de Friedmann. Em particular, as soluções com *bouncing*, em que uma fase de colapso gravitacional antecede a atual fase de expansão, permitindo um tempo de existência extraordinariamente maior do Universo.

Referência

NOVELLO, M. *Cosmologia*. São Paulo: Editora Livraria da Física, 2010.

EVGENY LIFSHITZ

Quando a Cosmologia exibe o caos

Depois da singularidade, o caos.

Mario Novello

Evgeny Lifshitz (1915-1985) foi um dos mais importantes físicos da Rússia do século XX. Talvez sua obra mais popular seja a excelente coleção cobrindo todo nosso conhecimento da Física, que escreveu junto com o lendário cientista Lev Landau. Sua contribuição mais importante em Cosmologia foi a análise do comportamento do campo gravitacional na vizinhança da singularidade no cenário cosmológico de Friedmann, uma solução dinâmica das equações da Teoria da Relatividade Geral proposta por Albert Einstein.

A análise de Lifshitz foi tão importante e teve um impacto tão grande entre os físicos que a sigla BKL, que identificava os autores desse trabalho (Belinsky, Khalatnikov e Lifshitz), passou a ser usada em outras configurações de campo próximo a uma singularidade.

Lifshitz aceitou meu convite de participar da II Escola de Cosmologia, evento que tenho organizado com o grupo de Cosmologia do Centro Brasileiro de Pesquisas Físicas (CBPF) nos últimos 40 anos. Essa escola, que depois de sua internacionalização passou a ser conhecida pela sigla BSCG – do inglês Brazilian School of Cosmology and Gravitation (Escola Brasileira de Cosmologia e Gravitação) –, aconteceu em 1979 na Universidade Federal da

Paraíba, em João Pessoa, por razão fortuita. Talvez seja de interesse situar um pouco essa BSCG no cenário brasileiro daquela época. O Brasil vivia sob uma ditadura militar, instaurada em 1964 e radicalizada em 1968. É fácil, então, entender que a visita de um eminente cientista da antiga União das Repúblicas Socialistas Soviéticas (URSS), em 1979, não era uma organização simples. Pode-se imaginar os transtornos e as dificuldades, junto ao governo brasileiro, que essa visita me causou. Deixarei para contar detalhes dessa história em outro lugar.

Na década de 1970, o cenário cosmológico original de Friedmann estava começando seu apogeu. É dessa época o livro do vencedor do Prêmio Nobel, Steven Weinberg (1933-2021), cujo título – *The First Three Minutes* (*Os três primeiros minutos*, na versão em português) – exemplificava sua adesão ao cenário Big Bang. Foi esse livro, entre outros, que caracterizou o modelo explosivo do início do Universo como uma "verdade científica" junto à comunidade dos físicos que tratavam das propriedades das interações fundamentais, em particular dos físicos de partículas elementares.

A questão que se colocava, então, pode ser assim resumida: aceitando a existência de uma singularidade onde todo o Universo estaria concentrado em uma região mínima – identificada formalmente com um ponto geométrico –, qual seria o comportamento da matéria e do próprio campo gravitacional nas vizinhanças dessa singularidade? Durante décadas, desde a publicação do artigo original de Friedmann, essa questão ficou suspensa, sem uma resposta aceitável pela comunidade científica, até o aparecimento do trabalho de Lifshitz exposto na BSCG. É sobre esse trabalho que vou comentar.

Os construtores do Cosmos | Evgeny Lifshitz

A Relatividade Geral é uma teoria da gravitação que identifica o campo gravitacional à geometria do espaço-tempo. A Equação Dinâmica relaciona a curvatura dessa geometria à distribuição de energia-matéria, ou seja, são a matéria e a energia sob qualquer forma que determinam a geometria do espaço-tempo. A grande novidade que BKL descobriram pode ser resumida numa afirmativa inusitada, que parece violar essa condição, a saber:

Na vizinhança de um ponto singular, a matéria não tem o controle da evolução dinâmica do campo. Ou seja, tudo se passa (na vizinhança de uma singularidade) como se o campo se autossustentasse, como se o efeito da matéria sobre o campo fosse totalmente desprezível.

Esse resultado cria de imediato a questão: qual é, então, a geometria que descreve o campo gravitacional na região próxima à singularidade? Lifshitz e colaboradores dão um passo maior, identificando essa geometria a uma proposta feita pelo físico americano E. Kasner. A Geometria de Kasner, diferentemente da Solução de Friedmann, possui propriedades distintas conforme a direção espacial. Ou seja, ela é anisotrópica. Essa seria, segundo BKL, a forma da geometria próxima à região singular na Solução de Friedmann.

A métrica descoberta por Kasner tem as seguintes características:

- É uma solução exata das equações da RG sem fonte;
- Possui um tempo cósmico global;
- Possui variação temporal de seu volume espacial;
- Possui uma singularidade inicial;
- É espacialmente homogênea e anisotrópica, isto é, sua expansão não se dá de modo homogêneo segundo direções arbitrárias do espaço.

A Geometria de Friedmann descreve um Universo isotrópico, ou seja, em qualquer direção espacial que um telescópio seja orientado, tem-se a mesma visão do Universo. Essa propriedade é observada em grandes dimensões do espaço. No entanto, a Solução de Kasner descreve uma geometria anisotrópica, ou seja, com expansão e/ou colapso diferente para cada eixo de observação. Como conciliar essas duas geometrias?

Lifshitz encontrou uma solução extremamente engenhosa e tecnicamente perfeita. Segundo ele, o Universo teria passado por fases com direções anisotrópicas que se alternavam de um modo caótico. Dessa forma, ele consegue mostrar como dentro da Teoria da Relatividade Geral uma sequência aleatória de fases anisotrópicas pode dar origem a um cenário isotrópico, como aquele proposto *a priori* por Friedmann. Ou seja, a solução extremamente simétrica do modelo cosmológico de Friedmann seria, segundo BKL, o resultado aleatório de uma sucessão caótica de geometrias anisotrópicas do tipo Kasner.

Não somente BKL mostraram como uma tal sequência é possível, como conseguiram a proeza de retirar qualquer vestígio de um cenário único, que priorizava a alta dose de simetria imposta na solução descoberta por Friedmann, removendo do imaginário científico o apriorismo associado a esse modelo cosmológico e desclassificando-o como um dado inicial, eliminando, assim, a possibilidade de tratá-lo como um princípio básico do Universo.

Lifshitz e colaboradores abriram caminho para uma visão da Cosmologia muito mais ampla, permitindo a introdução de fenômenos aleatórios entre as propriedades do Universo. Uma tal análise possibilitou o desenvolvimento ulterior de propostas sobre a dinâmica do Universo que afeta as próprias leis da natureza, retirando o caráter absoluto que elas possuíam desde a estruturação da Física feita por Newton e seguidores.

Comentário

Então aparece a questão: na origem desses Universos, na singularidade inicial que contém em potência um mundo, haveria alguma forma virtual de caracterização do mundo que virá a ser criado? E, se é assim, onde e como essa informação estaria contida? Sob que forma a geometria e a matéria ainda inexistentes, em um estado sem espaço, sem tempo, latente, em sua singularidade que tudo esconderia, distinguiria um Universo de Friedmann de um outro Universo? Como estaria explicitada essa informação? Como gerar um Universo de Friedmann ou de Kasner a partir de um ponto singular que não pode ser caracterizado pelo Universo que virá a produzir, pelo Universo que virá a ser?

Sob que forma de conteúdo informativo, inacessível a nós, futuros habitantes de um desses Universos, estaria esse Universo que virá a existir sendo fabricado, produzido, separado, individualizado uns dos outros?

Como é isso possível se a singularidade comum não pode guardar informação, não pode ser fisicamente distinguida? Como entender isso se a singularidade é classificada, nomeada, entendida como somente isso: uma divergência do espaço-tempo da qual não se pode extrair informação e consequentemente se torna implausível, inaceitável mesmo, atribuir-lhe alguma espécie de reservatório informativo, alguma espécie de qualificativo que permitiria, então, dar-lhe um segundo nome e chamá-la, distinguindo-a assim, de singularidade de Friedmann ou singularidade de Kasner?

Que qualidades seriam essas que não virtuais? E deve-se, então, fazer dessas virtualidades clássicas – que não podem ser associadas ao virtual quântico, mais aceitável, posto que inerente – um tema de análise?

Deve-se abdicar de construir hipóteses não observáveis sobre essas soluções particulares, esses Universos singulares, essas espécies individualizadas de mundos que a Relatividade Geral permite, produz, inventa aceitando que se trata somente de uma condição inicial, escolhida ao acaso? Ou deve-se adotar a postura pragmática de entender esses Universos como nada mais do que estruturas matemáticas, nas quais a realidade de um deles é a condição de rejeição de todos os demais.

Essas questões aparecem no momento em que se aceita a presença de uma singularidade real no espaço-tempo. Foi o que aconteceu quando se descobriu que a singularidade de Friedmann não era específica desse modelo, mas possivelmente seria mais ampla, contendo vários exemplos de cosmologias.

Para resolver essas dificuldades, os cosmólogos se lançaram a outros caminhos, investigando outras possibilidades.

Serão descritas duas propostas de solução: um Universo eterno estacionário e, em capítulo mais adiante, cenários contendo *bouncing*. Será visto a seguir que a geometria associada ao Universo estacionário não é apoiada pelas observações astronômicas. Por outro lado, a proposta cosmológica com *bouncing* se impõe como a boa solução, pois retira a criação do mundo de uma impossibilidade de descrição formal e a coloca em uma formulação na qual se pode tratar racionalmente sua origem, relacionada à instabilidade do vazio.

Referências

KHALATNIKOV, I. M.; LIFSHITZ, E. M. Singularidades das soluções cosmológicas das equações de Einstein. *In*: II BRAZILIAN SCHOOL OF COSMOLOGY AND GRAVITATION, 1980.

WEINBERG, S. *The First Three Minutes*: a Modern View of the Origin of the Universe. Nova York: Basic Books, 1977.

FRED HOYLE E JAYANT NARLIKAR

Universo eterno estacionário

A geografia não importa e a história também não importa.

Fred Hoyle (1962)

Fred Hoyle (1915-2001) foi um brilhante orientando de Dirac e, segundo ele, herdou deste a relevância de ter um estilo próprio nas suas investigações científicas, o que lhe valeu fortes críticas e provocou muitas dificuldades, principalmente por sua oposição em diversos momentos ao *mainstream* científico, e sua independência de pensamento. Em especial, sua audaciosa crítica ao modelo Big Bang (termo que ele criou como pejorativo, mas que foi aceito, com charme, pelos seus defensores) numa época em que os físicos aceitavam, sem menor restrição, a identificação de um momento extremamente condensado do Universo como seu "começo". Em sua proposta de Cosmologia, ele se dedicou a responder à pergunta: "O Universo todo passou a existir, em um momento singular, cerca de dez bilhões de anos atrás?"

Sua argumentação se baseava na seguinte fórmula: os físicos aceitam que toda a matéria foi criada em um único momento. Por que, então, não aceitar que essa criação possa ser continuamente realizada?

Ele propôs, a partir de princípios primeiramente axiomáticos, que a geometria do Universo é dinâmica, mas estacionária. Isso significa que a velocidade de expansão do volume espacial deveria ser constante no tempo.

Segundo Hoyle, a geometria do Universo deveria se basear na conservação de simetria de sua configuração espacial e temporal, durante todo seu desenvolvimento dinâmico. Partindo da observação de que a estrutura global do Universo é espacialmente homogênea – que ele descrevia com a expressão "a geografia não importa" –, propôs estender essa simetria para o tempo.

Para realizar essa ideia, sugeriu a hipótese de que a homogeneidade espacial deveria se manifestar igualmente na evolução temporal, ou seja, embora o Universo tenha uma dinâmica expansionista, sua velocidade de expansão deveria ser constante. Segundo seus termos "a história não importa".

Para compatibilizar essa concepção com a dinâmica gravitacional da Relatividade Geral, Hoyle introduziu um campo escalar, que denominou campo C (C-field), que não satisfazia a regra mais elementar do que os físicos aceitavam como uma boa teoria de campo, a saber, a positividade da energia: esse campo C teria energia negativa.

À época, essa proposta foi considerada escandalosa e rejeitada pelos físicos. Quanto aos astrônomos, depois da detecção da radiação de fundo de 2,7 graus Kelvin preenchendo o Universo, a proposta de constância da expansão foi considerada incompatível com essas observações. Assim, tanto do ponto de vista formal, cujos ataques dos físicos eram devastadores, quanto as críticas dos astrônomos constituíram uma combinação teoria-observação que colocou a proposta de Hoyle no limbo das ideias científicas rejeitadas pelo *establishment*.

O motivo declarado para isso se deve à afirmação de que o cenário de Hoyle seria incompatível com as observações que exibiram a existência da radiação de fundo de uma época do Universo mais quente. Entretanto, devemos notar que, na V Brazilian School of

Cosmology and Gravitation, um importante colaborador de Hoyle, o professor Jayant Narlikar, mostrou que a afirmação de incompatibilidade do cenário de Hoyle com a radiação de fundo tinha sido precipitada. Independentemente dessa argumentação de Narlikar, essa proposta não foi levada adiante pelo *establishment*. Uma outra importante contribuição de Narlikar e Hoyle se deu em relação à questão causal, em que desenvolveram uma proposta de simetria temporal da eletrodinâmica quântica muito interessante.

Sabia-se que para conhecer o campo eletromagnético em uma dada posição e em um dado tempo t, é necessário saber o valor do campo em tempos anteriores (campo retardado). Essa é uma consequência natural da estrutura causal do mundo. No entanto, os físicos americanos John Wheeler e Richard Feynman, em 1945, sugeriram o chamado mecanismo absorvente do Cosmos.

Eles mostraram que a ação no tempo t do campo avançado (o valor do campo no futuro de t) pode igualmente contribuir, para o campo em t, em uma explícita violação da causalidade. Para entender como isso é possível e estender a relação causal em um Universo dinâmico, eles sugeriram que a influência do campo avançado pode ser entendida como a resposta do Universo à excitação do campo. Ou seja, a influência, em um dado ponto do espaço-tempo, do valor do campo no futuro dessa posição (o campo avançado) e o campo retardado (envolvendo contribuições do passado) exercem conjuntamente contribuição para o campo em uma dada posição do espaço-tempo, indo além da formulação tradicional, na qual somente o campo retardado era considerado.

Essa proposta contornava as dificuldades tradicionais apontadas para não considerar efeitos avançados (os campos que atuam sobre um dado ponto do espaço-tempo só poderiam ter contribuições do passado). A questão causal havia sido evitada com a introdução de um elemento que incluía um importante fator: a Cosmologia. Tudo se passa, na proposta de Wheeler-Feynmann, como se houvesse uma resposta do Universo, representada pela ação do campo avançado. O resultado de Wheeler e Feynmann limitava-se, entretanto, a campos clássicos. Narlikar mostrou que essa propriedade também vale para o mundo quântico. Ou seja, a resposta do Universo permite que a ação dos campos sobre os corpos possa ter contribuições do passado e do futuro. A violação da causalidade tradicional está associada à influência do Universo sobre o campo eletromagnético, como um eco vindo das profundezas do Cosmos. Ou seja, a conexão com a Cosmologia permite a simetria campos avançados-campos retardados, produzindo resultado equivalente ao obtido pela Teoria Eletrodinâmica convencional, segundo a qual somente campos retardados intervêm nas ações sobre os corpos.

Uma outra forma desse tipo de dualidade cósmica no comportamento do campo eletromagnético vai aparecer muitos anos depois, na construção de um modelo de Universo tendo como fonte um campo magnético médio, o qual recebeu a denominação de Universo magnético, que será abordado mais adiante.

Referências

BONDI, H.; GOLD, T; HOYLE, F. Origins of Steady-state Theory. *Nature*, v. 373, n. 10, 1995. DOI: https://doi.org/10.1038/373010b0.

HOYLE, F. S.; NARLIKAR, J. V. Mach's Principle and the Creation of Matter. *Proceedings of the Royal Society of London. Series A. Mathematical and Physical Sciences*, 273, p. 1-11, 1963.

NARLIKAR, J. *An Introduction to Cosmology*. Cambridge: Cambridge University Press, 2002.

NOVELLO, M.; SALIM, J. M.; ARAÚJO, A. A. Extended Born-Infeld Theory and the Bouncing Magnetic Universe. *Physical Review D*, v. 85, 023528, 2012.

ELLIS, HAWKING, GEROCH E PENROSE
Axiomatização à moda inglesa

Quando Lifshitz e colaboradores iniciaram o exame da questão da singularidade na Cosmologia, ainda se acreditava que a presença dela era consequência das simetrias contidas na particular solução do modelo de Friedmann. Foi somente no final da primeira metade da década de 1960 que um exame matemático mais rigoroso proporcionou a elucidação de boa parte dessa dificuldade.

Até então, os físicos se limitavam ao exame das características locais das equações diferenciais da Relatividade Geral. O chamado "grupo dos ingleses" – que, em verdade tinha somente dois ingleses, pois George Ellis (1939-) é cidadão da África do Sul, e Robert Geroch (1942-), dos Estados Unidos – elaborou vários teoremas a partir da análise de propriedades globais das equações da RG. Em meu livro *Do Big Bang ao Universo eterno*, examino essa situação e como uma proposta de axiomatização da Cosmologia prosperou e foi um dos principais motivos de a comunidade científica não aceitar de imediato os modelos sem singularidade, possuindo uma fase anterior de colapso gravitacional, atingido um valor mínimo para o volume total do espaço, passado por um ricochete (*bouncing*) e iniciado a fase atual de expansão.

Os Teoremas de Singularidade

Até o final da década de 1950, as propriedades da Relatividade Geral eram examinadas de um ponto de vista local por meio de suas equações diferenciais. Ou seja, somente características locais. Nos anos 1960, S. Hawking, G. Ellis, R. Penrose e outros publicaram uma série de teoremas, todos possuindo um teor semelhante, que parecia resolver definitivamente a questão da singularidade na Cosmologia, por meio da demonstração de que sua presença – esta dificuldade da existência de um momento em que todas as quantidades físicas adquirem um valor infinito, como no modelo de Friedmann – não tinha caráter especial, não era uma propriedade deste específico modelo, mas, sim, era genérica. Como entender este qualificativo aplicado à Cosmologia?

A questão, colocada de modo a poder ser tratada por uma intervenção matemática, consistia em saber se a característica especial do modelo de Friedmann de exibir uma singularidade inicial seria uma propriedade indesejável típica, presente em todas as soluções das equações da RG ao serem aplicadas ao Universo, ou se seria particular a esta geometria, eventualmente relacionada ao fato de que possui uma alta dose de simetria.

Dito de outro modo: a singularidade é típica de qualquer modelo cosmológico expansionista ou uma consequência da hipótese de o Universo ser espacialmente homogêneo e isotrópico? Outros cenários, outras soluções das equações de Einstein da gravitação, outras geometrias, possuindo características menos especiais, mais genéricas, contendo menos simetrias, seriam mais realistas? Estariam elas livres desse pesado ônus de possuir uma singularidade inacessível?

Por muitos anos, a maior dificuldade da Cosmologia foi saber se essa singularidade era uma propriedade da Geometria de Friedmann devido às suas simetrias (espacialmente homogênea e isotrópica) ou se seria mais geral. Durante muito tempo pensou-se que este defeito da Solução de Friedmann pudesse ser contornado mudando a geometria do Universo, abdicando daquelas condições especiais desse modelo. Alguns cientistas, no começo dos anos 1960, sugeriram que o modelo de Friedmann deveria ser considerado válido somente em uma fase ulterior e que uma geometria diferente – que evitaria a singularidade, graças a propriedades mais genéricas – poderia ter-lhe antecedido. Foi um período de intensa atividade na busca dessa solução que de um só golpe resolveria duas questões cruciais: evitaria a singularidade e, por ser menos simétrica que a Geometria de Friedmann, possivelmente poderia lançar luz sobre a origem da alta dose de simetria e homogeneidade que o Universo hoje possui.

Esse período durou pouco, pois logo em seguida, em 1964, com a chegada dos Teoremas de Singularidade mudou-se radicalmente esse modo de tratar a Cosmologia. Muitas consequências da ideia de examinar as propriedades globais na RG foram estudadas por Penrose, Hawking, Ellis e colaboradores.

É importante ressaltar, no entanto, que já em 1949 o grande matemático austríaco Kurt Gödel havia apresentado uma solução para as equações da RG que demonstrava explicitamente que nem todas as propriedades locais podem ser consideradas globalmente válidas. No caso examinado por Gödel, a validade da causalidade local não implica a validade da causalidade global. Em outras palavras, novas propriedades aparecem ao examinarmos as características globais do Universo.

Essa descoberta dos teoremas foi acoplada a um outro aspecto crucial para o desenvolvimento da Cosmologia: a descoberta de que o Universo estava repleto de radiação, representada por um gás de fótons como um corpo negro, a uma temperatura de 2,7 graus Kelvin.

Aceitar que a questão da singularidade, que estava e continua a estar no centro da Ciência, talvez mesmo sendo a mais fundamental, fosse resolvida por uma argumentação produzida graças a

Mario Novello

um expediente matemático, foi uma curiosidade histórica ímpar, incomum na Ciência. Uma tal situação seria impensável, inimaginável na primeira metade do século XX. Dificilmente se imaginaria que os físicos, que tratavam àquela época dessa questão, pudessem conceber a intervenção de matemáticos de forma tão violenta e radical nesta análise a ponto de proporem uma solução tão inusitada: um teorema para esclarecer a questão da origem do Universo! Entretanto, foi exatamente o que aconteceu. A singularidade inicial do Universo foi tratada como uma questão capaz de ser resolvida com uma análise formal feita por meio da demonstração de um teorema.

Isso só foi possível graças a uma ideologia que se espalhou entre os cientistas na qual deveriam se afastar da questão fundamental sobre a origem do Universo para poderem efetivar a entrada da Cosmologia no rol das Ciências. Em outro lugar (*Cosmos et Contexte*, Paris: Editora Masson, 1987) me estendi longamente sobre esse tema. Quero somente notar que, se por um lado os cientistas acumulavam observações astronômicas ao sustentarem o modelo de Friedmann, por outro um profundo mal-estar se instalara com a existência do momento singular exibido nesta geometria. Foi neste ambiente de perplexidade que os matemáticos foram recebidos com grande alívio, pois eles trouxeram, com suas argumentações formais, a demonstração de que uma tal singularidade era, afinal de contas, inevitável, devendo-se conviver com ela, de que não havia nada de errado com o modelo-padrão e que suas propriedades – inclusive essa desagradável, a presença de uma singularidade inicial – não eram um defeito seu, particular desta geometria, mas, sim, uma propriedade comum, inerente à Teoria da Relatividade Geral e às propriedades da matéria convencional. Em circunstâncias bem menos especiais, menos simétricas, do que as que este modelo exibe, outras geometrias possuem igualmente esta desconfortável situação: a existência de uma singularidade.

Seguiu-se, então, um período que se caracterizaria como de extrema confusão formal. Propostas de todos os lados, as mais estranhas possíveis, eram afirmadas e discutidas. Uns procurando impor mudanças, não na geometria, mas muito mais profundas, na própria teoria. Alguns sustentavam que se deveria conviver com essa ideia da singularidade e sua inevitabilidade, enquanto outros pretendiam mudar aquilo que podemos chamar de "uma propriedade típica do Universo", a lista é imensa.

A mais simples, a razão menos afastada da prática tradicional acabou por se impor, a saber: examinar se todas as condições de utilização do teorema são válidas em nosso Universo. Levou-se mais de vinte anos para que a força destes teoremas fosse reduzida à sua verdadeira dimensão, isto é, como uma verdade matemática, cuja consequência sobre o mundo real deveria ser antecedida pelo exame e correspondente conhecimento da aplicabilidade de suas premissas, o que tornaria significante e eficaz sua aplicação ao nosso Universo. Que isso tenha demorado tanto tempo, é uma questão que compete ao historiador da Ciência, ou até mesmo ao cientista social, esclarecer.

Uma característica típica desses Teoremas de Singularidade – que Penrose apresentou em síntese na Escola de Les Houches (1964) e mais tarde nas conferências do Battelle (1967) – diz respeito ao fato de que, para evitar a singularidade, é necessário que os fluidos convencionais, usados para descrever o conteúdo cósmico, tenham pressões negativas importantes. O teorema afirma a inevitabilidade de uma singularidade sob algumas condições, como:

- Validade da Relatividade Geral;
- Princípio de acoplamento mínimo (para a interação entre matéria e gravitação);

- Ausência de altas pressões negativas;
- Possibilidade de estender indefinidamente curvas nulas, os caminhos de fótons, pois classicamente eles não podem simplesmente desaparecer do espaço-tempo.

Como consequência da força desses teoremas, a ideia de um começo singular, chamado Big Bang, passou a dominar a visão dos físicos sobre as origens do Universo. O programa alternativo de um Universo eterno, como o proposto por Hoyle e Narlikar, foi, então, considerado inadequado e deixado de fora da Cosmologia padrão.

Outra consequência importante da análise global em vez da local levou Penrose e colaboradores a investigarem a questão do horizonte causada pela limitação da propagação da informação. No caso de um objeto compacto, a noção de superfície do horizonte, na famosa solução de Schwarzschild, levou ao conceito de buraco negro: uma superfície que pode ser atravessada apenas em uma direção. Ao aplicar esse conceito de horizonte na Cosmologia, surgiu uma questão: como conciliar o alto grau de isotropia, presente na radiação cósmica, com a existência de um horizonte, se o Universo tivesse um tempo finito de existência e as diferentes partes afastadas espacialmente não teriam tido tempo de entrarem em contato e harmonizarem suas simetrias?

Vimos como Lifshitz mostrou que no cenário de um Universo singular esse problema pode ser resolvido. Uma solução mais radical seria estender o tempo de existência do Universo capaz de permitir essa homogeneização e possivelmente ter havido um *bouncing*. Para obter um *bouncing*, a fonte da geometria cósmica deve ter alguma propriedade que viole as condições de aplicabilidade dos Teoremas de Singularidade.

Outra solução, mais complexa, é imaginar que, logo após sua suposta explosão inicial, o Universo teria passado por uma fase extremamente acelerada em sua expansão, depois se desacelerado e, em seguida, evoluído com a solução convencional de um Universo em expansão lenta.

A primeira solução seria típica de um relativista lidando com equações da RG. A segunda é um legado de físicos teóricos de partículas elementares. Curiosamente, a maioria dos físicos escolheu esse segundo caminho, que foi chamado de fase inflacionária do Universo.

Nos últimos anos, Penrose voltou a refletir sobre as consequências desses teoremas ao tentar obter modelos mais realistas do Universo. Ele percebeu que nem todas as condições de aplicabilidade do Teorema de Singularidade ao Universo poderiam ser válidas. Começou, então, a analisar, em conjunto com seu colaborador Stephen Hawking, um cenário onde o Universo teria tido uma fase anterior de colapso gravitacional, um valor mínimo é alcançado e, então, a atual fase de expansão se iniciado. Como essa situação pode se repetir, é natural chamar esse cenário de Universo cíclico. Dessa forma, Penrose se juntou a um pequeno grupo de cosmologistas que, desde o final da década de 1970, sustentam a proposta de que vivemos em um Universo que experimentou um *bouncing*, como será visto no próximo capítulo.

Referência

PENROSE, R. Structure of Space-time. *In*: DeWITT C. M.; WHEELER, J. A. (Eds). *Battelle Rencontres, 1967, Lectures in Mathematics and Physics*. Nova York: Benjamin; 1968. p. 121–235.

OS PRIMEIROS CENÁRIOS COM *BOUNCING*

A Cosmologia concebe a eternidade

No reino do pensamento, a imprudência é um método.

Gaston Bachelard (1972)

O fascínio da imensidão do Cosmos leva a caminhos inesperados. Segue-se a Matemática, a Física e a Filosofia para produzir uma compreensão racional do Universo a partir de observações astronômicas.

No século XX, a elaboração de uma visão do Universo como um processo dinâmico foi construída pelo físico russo Alexander Friedmann, a partir da Teoria da Gravitação de Albert Einstein em sua Teoria da Relatividade Geral.

Embora esse modelo tenha tido uma excelente acolhida pela comunidade científica, ele possui uma dificuldade que limita sua descrição e que já foi comentada anteriormente: a existência de uma singularidade – em que todos os componentes fisicamente observáveis assumiriam, em um dado ponto, o valor infinito – identificada, por ideologia, ao "começo do mundo".

Talvez seja importante lembrar que não existe um só modelo de Friedmann, mas, sim, um número bastante grande de diferentes cenários. Eles se distinguem pela caracterização da distribuição de matéria e energia que determinam a única função do tempo

Mario Novello

cósmico disponível, associada ao seu volume espacial V. Para cada configuração material, segue uma função temporal distinta para V.

Os primeiros modelos construídos por Friedmann e seus seguidores constituíam distribuições descritas por um fluido perfeito e com uma Equação de Estado Linear relacionando a pressão à densidade da matéria.

Nos últimos tempos, os cosmólogos começaram lentamente a dar um passo além do cenário original proposto por Friedmann e iniciaram o exame de modelos cosmológicos sem singularidade, que exibem um tempo de existência do Universo bem maior, possivelmente uma infinitude temporal.

Embora a ideia de um Universo eterno – e até mesmo com ciclos de expansão e colapso – tenha sido examinada desde os primeiros momentos da Cosmologia do século XX, foi somente em 1979 que foram obtidas as primeiras soluções exatas da Teoria da Relatividade Geral representando um Universo cuja geometria não admite singularidade, dito de modo simples, um Universo eterno.

A consequência mais importante desses cenários com *bouncing* ou eternos é, além de resolver direta e simplesmente a questão da homogeneidade dos modelos cosmológicos convencionais, evitar a singularidade presente na Geometria de Friedmann, uma necessidade da Física, como Narlikar e muitos outros físicos têm afirmado há muitos anos.

As primeiras soluções analíticas de um Universo homogêneo e isotrópico com *bouncing* foram feitas no ano de 1979 por dois grupos de pesquisa: no Centro Brasileiro de Pesquisas Físicas, por Novello e Salim (NS), e na antiga União Soviética, por Melnikov e Orlov (MO).

A solução dos russos usa um campo escalar acoplado conformalmente à curvatura do espaço-tempo. A solução dos brasileiros examina os efeitos de um campo eletromagnético acoplado ao escalar de curvatura. Ambas as métricas mostram uma configuração de *bouncing*, consistindo na existência de uma fase anterior de colapso até atingir um valor mínimo diferente de zero e depois iniciando a atual fase de expansão.

Curiosamente, esses dois cenários foram praticamente ignorados até a primeira década deste século XXI. Em verdade, foi somente depois da publicação de um longo artigo de revisão por Novello e Bergliaffa, na respeitada revista *Physics Reports*, em 2008, que a ideia do *bouncing* começou a ganhar difusão e crescer a ponto de que hoje se inverteu a situação: muito se fala nas conferências internacionais e revistas científicas do *bouncing* e praticamente desapareceu do foco principal dos cosmólogos a identificação do cenário Big Bang (representando uma fase bastante condensada do Universo) ao começo de tudo que existe.

Essa resistência à admissão do *bouncing* não se deu por nenhuma razão que o desqualificasse, mas sim por uma inércia da comunidade científica, baseada principalmente na aceitação ingênua de que os Teoremas de Singularidade, demonstrados por Penrose, Ellis, Hawking, Geroch e outros, haviam assegurado a presença de singularidade cosmológica no seio da RG. Essa leitura superficial do que os teoremas haviam efetivamente demonstrado só foi definitivamente superada quando modos distintos, usados até então (basicamente, identificando o princípio de equivalência com o chamado acoplamento mínimo), de representação da interação da matéria sob diferentes formas e o campo gravitacional foram aceitos pela comunidade internacional.

Com efeito, tanto no cenário NS quanto no modelo MO a fonte da geometria exibindo *bouncing* (o campo eletromagnético em NS; um campo escalar sem massa em MO) está em interação direta com a curvatura do espaço-tempo.

A publicação desses dois artigos (NS e MO) contendo modelos cosmológicos com *bouncing* – não causou o impacto que deveria ter tido. Nesses artigos questionavam-se dois paradigmas sólidos da comunidade internacional, a saber, a identificação do Big Bang com o começo de tudo que existe; e, igualmente importante, o modo de interação da matéria com a gravitação, indo além da tradição, adotando interação direta entre o campo e a curvatura do espaço-tempo. Essas propostas desse modo de interação (que foi a base para evitar a singularidade cósmica nesses dois esquemas) foram consideradas à época irrealistas.

Trinta e cinco anos depois, na segunda década do século XXI, aquele modo especial de tratar a interação do campo de matéria e a gravitação passou a ser usado corriqueiramente para explicar novos fenômenos, em particular a expansão acelerada do Universo. Desde então, cenários com *bouncing* foram descobertos em situações distintas, com configurações materiais diferentes.

A revista eletrônica *Cosmos & Contexto* reproduziu o artigo técnico *Bouncing cosmologies*, que publiquei com meu colaborador Santiago Bergliaffa, em 2008, na revista *Physics Reports*, na qual expusemos exaustivamente os cenários cosmológicos possuindo ciclos de expansão e colapso, sem singularidade, com *bouncing*.

Parece claro que nos próximos anos veremos mais e mais detalhes das propriedades de modelos cosmológicos sem singularidade. Ou seja, o antigo modelo Big Bang está sendo substituído pelo cenário de um Universo eterno, possuindo *bouncing*.

Referências

BACHELARD, G. Le Surrationalisme. *In*: BACHELARD, G. *L'engagement Rationaliste*. Paris: PUF, 1972. p. 7-11.

NOVELLO, M.; BERGLIAFFA, S. E. P. Bouncing Cosmologies. *Physics Reports*, 2008. Disponível em: https://cosmosecontexto.org.br/bouncing-cosmologies. Acesso em: 4 abr. 2023.

VITALY MELNIKOV

A metacosmologia invade os laboratórios

Vitaly Melnikov, no Centro de Gravitação e Metrologia Fundamental, do Instituto de Gravitação e Cosmologia, da Universidade Russa da Amizade dos Povos, Moscou, iniciou no final do século passado o estudo sistemático das constantes fundamentais da Física com o objetivo ulterior de elucidar se alguma dessas constantes variam com o tempo cósmico.

A proposta feita pelo físico inglês Paul Dirac (1902-1984), na década de 1930, sugeria a possibilidade de a Constante de Newton da gravitação (G) depender da dinâmica do Universo. Em outras palavras, que a constante G varia com o tempo. Essa limitada dependência pretendia manter a homogeneidade espacial, uma característica principal do modelo cosmológico de Friedmann.

Essa especulação deu origem a várias outras que, na mesma orientação, questionavam a constância das chamadas constantes fundamentais: além da constante da gravitação (G), a constante de interação eletromagnética (a carga *e* do elétron), entre outras.

Os físicos demoraram a considerar essas questões dignas de exame, e por quase meio século, essas especulações não implicaram em uma investigação mais consistente que as considerasse seriamente. Foi somente nas últimas décadas daquele século que uma investigação passou a ser efetivamente realizada.

Um tipo de análise semelhante foi associado a outras constantes das partículas elementares. Por exemplo, as massas das partículas elementares, como o próton ou o nêutron, sempre foram entendidas como um dado da natureza, sem a necessidade de uma explicação maior. É bem verdade que nos últimos tempos vários mecanismos de formação de massa das diferentes partículas elementares foram examinados. Entretanto, nenhum deles conseguiu expressar os valores dessas massas, ou seja, exibir os valores do espectro de massas das partículas elementares (veja mais adiante no capítulo "Ernst Mach e a origem da massa").

Nas duas últimas décadas do século XX, a metacosmologia, a parte da Cosmologia que trata dessas propriedades, começou a se desenvolver e ganhar espaço entre as principais linhas de pesquisa.

Assim, se coloca a questão de como seria o Universo se alguns (ou todos) desses valores das constantes básicas da Física – seja das constantes de interação, seja das massas das partículas – fossem diferentes. Em particular, se haveria um espectro possível de valores dessas constantes fundamentais que permitiria o aparecimento de um Universo com propriedades diferentes desse nosso, mas ainda com tempo de existência suficientemente longo para produzir estruturas.

Foi precisamente nessa análise que Vitaly e seus colaboradores se empenharam nas últimas décadas, abrindo caminho para investigações mais amplas envolvendo as propriedades da matéria existente no Universo.

Essa atividade empreendida em Moscou consistia em examinar sistematicamente a dependência das constantes com o tempo, um projeto típico da metacosmologia que requer a aceitação de que o Universo atual em que vivemos não é único, ou melhor, que pode ter uma continuação ilimitada para o passado (e, possivelmente, para o futuro). Isso certamente requer uma extensão pouco convencional, bastante ousada, da utilização da palavra universo para caracterizar um processo dinâmico que extrapola as limitações com que a Física tem trabalhado nos últimos quinhentos anos.

Melnikov se interessou por um antigo artigo da década de 1970, em que eu e meu colaborador Rotelli havíamos sugerido a dependência cósmica da Interação de Fermi. Essa proposta é bastante distinta da que Dirac e outros haviam feito sobre as constantes da Física. Por isso, serão dedicadas algumas palavras a ela.

Dependência cósmica da Interação de Fermi (fraca) ou do outro lado do espelho cósmico

Os físicos mostraram que todos os fenômenos podem ser associados a somente quatro formas de interação ou, como se dizia antigamente, quatro forças fundamentais. Duas delas são de longo alcance: eletromagnetismo e gravitação. Duas são de curto alcance: força fraca ou de Fermi e força forte.

As duas primeiras são clássicas, isto é, não quânticas; as duas últimas são exclusivamente quânticas. A força eletromagnética tem uma versão quântica que há décadas vem sendo observada. Quanto à gravitação, não há evidências de que ela possua também uma versão quântica.

A Interação de Fermi é responsável pela desintegração da matéria, e a força forte pela sua estabilidade.

Vimos que Dirac, Sambursky e outros fizeram a hipótese da dependência temporal das constantes de interação, como a Constante de Newton da gravitação. Mais tarde, para que essa propriedade fosse compatível com a Teoria da Relatividade Especial, essa variação da Constante de Newton foi transfigurada em um campo escalar, uma função do espaço-tempo.

Esse modo de conceber a variação das leis físicas é extremamente simples e não permite formas mais complexas de variação. Em 1971, Novello e Rotelli propuseram uma nova formulação envolvendo uma forma mais ampla de dependência com a evolução do Universo e que teria implicações importantes na constituição da matéria presente nele.

Para apresentá-la, é necessário fazer um breve interlúdio técnico. As interações clássicas preservam a paridade, isto é, são invariantes por reflexão especular. A orientação espacial do lado de cá do espelho é a mesma, para essas interações, que a do lado de lá. Não é o que acontece com a desintegração da matéria via Processo de Fermi. Ou seja, o processo que envolve as correntes fracas não é representado por verdadeiros vetores (como é o caso da interação eletromagnética), mas, sim, por uma composição de vetores e pseudovetores. A formulação convencional assume que essa violação de paridade (VP) é máxima, que pode ser simbolizada pelo valor unitário 1.

A dependência dessa interação com o tempo cósmico faz com que a quantidade VP possa variar entre os limites 0 e 1. Ou seja, a violação seria calibrada para o valor 1 hoje.

As consequências dessa proposta são importantes. Se essa dependência realmente ocorre, então, por exemplo, a taxa de decaimento das partículas que se desintegram (como o nêutron) variaria. Isso afetaria até mesmo a interpretação usual da abundância dos elementos e a formação da matéria no Universo.

Essa possibilidade é uma das que Melnikov e seus auxiliares examinaram detidamente nos últimos tempos em Moscou. A morte súbita de Melnikov, recentemente, interrompeu esse exame que, certamente, será retomado por seus antigos colaboradores.

Comentário

A atividade desse grupo pioneiro em Moscou e outros que lhes seguiram nos Estados Unidos e na Europa coloca em questão alguns dos princípios da Ciência que Galileu, Kepler, Newton e outros iniciaram lá atrás.

A Física adquiriu um elevado *status* devido, principalmente, à construção de leis da natureza que deveriam ser fixas e imutáveis. A possível variação dessas leis desestrutura essa organização da Ciência. Para alguns, como o matemático A. Lautman, essa variação das leis determinaria um golpe na descrição racional do mundo e apontaria para a necessidade de uma reforma das bases da Física, que, embora não afete as tecnologias usuais, altera os fundamentos dessa Ciência[3]. Como consequência natural, provoca uma visão bastante distinta da que estamos acostumados na descrição do Universo. A pergunta que se deve, então, responder é: que visão do Cosmos essa investigação da metacosmologia produz? E, de ordem prática para as instituições de pesquisa, que tipo de organização da Ciência lhe corresponde?

Nos próximos capítulos, serão expostas propostas de respostas a essas questões e será examinado como alguns conceitos tradicionais devem ser alterados substancialmente, devido à transparência das investigações produzidas na metacosmologia.

---

[3] "Uma Física na qual as leis do Universo variam de ponto para ponto é, de fato, inconcebível" (LAUTMAN, 2006, p. 137, tradução nossa).

Referências

LAUTMAN, A. *Les Mathématiques, les Idées et le Réel Physique*. Paris: Librarie Philosophique J. Vrin, 2006.

MELNIKOV, V. N. *Cosmology and Gravitation*. M. Novello (Ed.), Singapore: Editions Frontieres, 1994. p. 147.

MELNIKOV, V. N. Gravity as a Key Problem of the Millennium. *In*: NASA/JPL CONFERENCE ON FUNDAMENTAL PHYSICS IN MICROGRAVITY, 2000, Solvang. *Proceedings*. Nasa Document D-21522, 2001: 4.1-4.17; gr-qc/0007067.

MELNIKOV, V. N. Variations of Constants as a Test of Gravity, Cosmology and Unified Models. *Gravitation and Cosmology*, v. 13, iss. 2, p. 81, 2007.

NOVELLO, M.; BERGLIAFFA, S. E. P. Bouncing Cosmologies. *Physics Reports*, 2008. Disponível em: https://cosmosecontexto.org.br/bouncing-cosmologies. Acesso em: 4 abr. 2023.

NOVELLO, M.; ROTELLI, P. The Cosmological Dependence of Weak Interactions. *Journal of Physics A*, 1972.

YVONNE CHOQUET-BRUHAT

Uma matemática muito especial

Na Cosmologia, como praticamente em toda as áreas da Física, a grande parte ou a quase totalidade dos postos nas universidades e nos institutos de pesquisa são ocupados por homens. Uma dessas exceções é a matemática francesa Yvonne Choquet-Bruhat. Sua importância no cenário da gravitação é particularmente notável. Ela não somente aprofundou o conhecimento dos fundamentos matemáticos da relatividade como também participou ativamente dos grandes movimentos da comunidade dos relativistas. Sua presença em uma conferência ou escola internacional tornava esse evento um atrator de todos que procuravam entender os aspectos mais importantes da gravitação. Posso testemunhar isso, quando ela aceitou meu convite para participar da Brazilian School of Cosmology and Gravitation. Seu curso foi, nesses 40 anos do evento, o mais concorrido.

As Conferências Marcel Grossmann se tornaram, ao longo do tempo, não somente um tributo ao homem que dialogava com Einstein no caminho da Relatividade Geral, mas um ponto importante de discussões e análises de questões de fronteira da Astrofísica e da Cosmologia.

Foi numa dessas conferências, em 1975, na Índia (Calcutá), que tive a alegria de encontrar uma matemática, única mulher à época pertencente aos quadros da Academia Francesa de Ciências, que iria se tornar minha amiga para sempre, madame Choquet-Bruhat.

Sua conferência, sobre as condições iniciais admissíveis da Teoria da Gravitação de Einstein, despertou-me para um problema que até então não me interessara muito: os fundamentos matemáticos da RG.

Logo depois da apresentação de meu seminário sobre a Teoria dos Monopolos, na Conferência Marcel Grossmann, em Calcutá, Choquet-Bruhat veio até mim e antes mesmo que eu descesse do tablado onde eu apresentara meu trabalho, ela me disse: "Eu conhecia esta formulação que Lichné (André Lichnerowicz) formulou, mas não sabia que se poderia estendê-la a tal formulação na Teoria dos Monopolos Gravitacionais."

Em seguida, ela me convidou para passar um mês no Instituto Henri Poincaré, em Paris, o que aceitei e onde começamos uma cooperação científica que deu frutos e, mais importante, uma amizade duradoura.

Choquet-Bruhat usou sua experiência em problemas de equações diferenciais para mostrar, com rigor – além dos métodos usados anteriormente que tratavam, simplificadamente, da evolução de perturbações – a existência de ondas gravitacionais a partir das equações da RG.

Um outro resultado notável que ela obteve foi a análise completa das propriedades da decomposição de um espaço-tempo na forma de separação espaço (tridimensional) e tempo, o que conhecemos como decomposição 3 + 1.

Esse resultado que apareceu em 1956 foi publicado, em francês, nos *Comptes Rendus de l'Académie des Sciences*. Anos depois, três americanos (Arnowitt, Deser e Misner) o redescobriram e publicaram sob o título "The Dynamics of General Relativity", sem que fizessem citação ao trabalho original de Yvonne. Hoje, a comunidade dos relativistas se refere a essa decomposição, criada por Choquet-Bruhat, como decomposição ADM.

Em 1975, no mês que passei na Universidade de Paris, continuamos nossas conversas sobre transformação conforme das equações de Einstein e a possibilidade de usar a formulação de Lichnerowicz, seu orientador, para exprimir essas equações de um modo semelhante às equações de Maxwell do eletromagnetismo.

Esse sistema de equações, envolvendo como objeto mais importante o tensor conforme de Weyl, foi mostrado ser equivalente às equações da RG por três físicos alemães, Jordan, Ehlers e Kundt. Este último veio por diversas vezes à nossa Brazilian School of Cosmology and Gravitation e, desde então, mantemos uma relação de trabalho e amizade.

O resultado que Yvonne e eu obtivemos me agradou muito e deu origem a uma bela publicação que ela apresentou na Academia de Ciências da França e posteriormente utilizou em um de seus livros sobre a gravitação.

Em diversas outras ocasiões, encontrei Yvonne em conferências internacionais e no Brasil, onde eu a convidei, mais de uma vez, para dar palestras e cursos na Brazilian School of Cosmology and Gravitation.

Em 1984, ela deu um belíssimo curso sobre o problema de valores iniciais da RG e apresentou de modo claro e elegante a questão da positividade da energia em um contexto de espaço-tempo curvo, em particular em cenários de um Universo em expansão.

Como sua formação é em Matemática, e ela seguia a tradição da antiga escola francesa de excelentes geômetras, suas intervenções sempre foram de grande amplidão e com implicações em várias outras áreas. Ademais, como ela tem um dom especial de trazer questões complexas de matemática extremamente sofisticadas, misturando-as com exercícios simples de áreas próximas, meus alunos e colaboradores sempre a consideraram uma referência no formalismo gravitacional, em especial em Problema de Cauchy de dados iniciais. Foi precisamente essa sua característica que nos aproximou quando trabalhamos nas relações entre a formulação do eletromagnetismo e a gravitação. Malgrado a enorme dificuldade de passar das equações lineares do eletromagnetismo de Maxwell para as equações não lineares extremamente complexas da gravitação na formulação de Einstein, foi possível usar suas qualidades matemáticas para entender o sistema de equações representando perturbações de um Universo em expansão e a possibilidade de formação de estruturas localizadas como galáxias.

Usamos essas equações – chamadas Equações Quase Maxwellianas da Gravitação – para formular uma Teoria das Perturbações de modelos cosmológicos, seguindo um caminho extremamente elegante que Hawking havia aberto, mas que não havia desenvolvido. Os detalhes técnicos estão contidos no artigo, citado abaixo, na *Physical Review* de 1995.

Referências

CHOQUET-BRUHAT, Y.; NOVELLO, M. Système Conforme Régulier pour les Équations d'Einstein. *Comptes Rendues Académie Scientifique Paris*, t. 305, série II, p. 155, 1987.

NOVELLO, M.; BITTENCOURT, E.; SALIM, J. M. The Quasi-Maxwellian Equations of General Relativity: Applications to the Perturbation Theory. *Brazilian Journal of Physics*, 44, p. 832-894, 2014.

NOVELLO, M.; HARTMANN, A. E. S. Beyond the Equivalence Principle: Gravitational Magnetic Monopoles. *Gravitation and Cosmology*, v. 27, n. 3, p. 221-225, 2021.

NOVELLO, M. *et. al.* Minimal Closed Set of Observables in the Theory of Cosmological Perturbations. *Physical Review D*, v. 51, n. 2, p. 450-461, 1995.

KURT GÖDEL

A Cosmologia revela a natureza do tempo

Em 1930, o matemático Kurt Gödel (1906-1978) termina a demonstração do que ficou conhecido como Teorema da Incompletude da Aritmética e produz uma profunda revolução na Lógica desde os tempos de Aristóteles.

Em 1949, Gödel demonstra que, no interior da Teoria da Relatividade Geral, é possível a existência de caminhos nos quais um viajante que por eles passa, embora a cada momento esteja sempre indo para seu futuro (local), se aproxima inexoravelmente de seu passado.

Esses dois resultados, em áreas aparentemente tão distantes, colocaram Gödel como um dos grandes pensadores do século XX.

O que teria levado Gödel a se afastar de sua matemática e, duas décadas depois de seu famoso teorema, ir tão longe nas consequências da RG, uma teoria geométrica da gravitação proposta por Albert Einstein em 1915?

Uma possível explicação, segundo Cassou-Noguès, estaria relacionada à elaboração de sua interpretação da matemática quando descobre que o tempo é um fator importante da significância de nossas observações no mundo. Assim, argumenta, é o tempo que permite duas proposições contraditórias serem verdadeiras (Gödel, escritos pessoais) como

"p" e "não p".

"Está chovendo" e "o dia está ensolarado" podem ser afirmações verdadeiras se descrevem dias distintos, um domingo chuvoso e uma terça-feira ensolarada, por exemplo.

Os passeios cotidianos com Einstein por mais de uma década (eles moravam em casas próximas e iam e voltavam juntos do trabalho, a pé, no mesmo Instituto de Estudos Avançados, em Princeton) teriam sido o estopim natural para que um diálogo sobre Lógica se transmutasse em questões do espaço-tempo, de sua geometria. E, em particular, da estrutura formal do tempo.

E, no entanto, a Cosmologia que Gödel produz, baseada na RG não agrada certamente a Einstein que pretendia ter a estrutura causal como importante complemento de sua Teoria da Gravitação. Não é de se admirar que tradicionais aporias lógicas tenham aparecido e sido intensamente discutidas entre os dois.

Entre as notas pessoais de Gödel (não publicadas por ele em vida), Cassou-Noguès encontra propostas extremamente simplistas para solucionar a contradição inerente aos caminhos que levam ao passado, conhecidos, hoje, como curvas fechadas do tipo-tempo ou CTCs (do inglês *closed timelike curves*). Entre elas uma inesperada, que Gödel descreve em mais de uma oportunidade, faz referência à limitação do livre-arbítrio.

Quando o viajante volta ao passado e pretende realizar uma ação que sua memória lhe esclarece que não foi efetivamente realizada, Gödel sustenta que há uma limitação no livre-arbítrio do viajante que retorna que impede que essa ação (que ele recorda não aconteceu) aconteça, contra sua vontade atual.

Em suas notas pessoais, Gödel argumenta da seguinte forma:

> A possibilidade de uma viagem no tempo parece implicar um absurdo. Por exemplo, isso permitiria ao viajante voltar a seu passado em lugares onde ele viveu; ele poderia, então, encontrar uma pessoa que seria ele mesmo

alguns anos antes. E poderia fazer a essa pessoa alguma coisa que ele sabe por sua memória que não lhe aconteceu. Essa e outras contradições semelhantes, no entanto, requerem não somente a possibilidade prática de uma viagem ao passado (velocidades muito próximas da velocidade da luz seriam necessárias) mas também certas decisões por parte do viajante, cuja possibilidade só se conclui com base em convicções vagas quanto ao livre-arbítrio. De fato, as mesmas inconsistências podem ser derivadas da hipótese de uma causalidade estrita e do livre-arbítrio no sentido já indicado. Assim, tal universo não é mais absurdo do que qualquer suposto universo sujeito à estrita causalidade. (Tradução nossa.)

Curiosamente, uma solução para essas dificuldades formais, que um caminho CTC produz, poderia ser extraída diretamente do pensamento do matemático Albert Lautman (nasce em 1908 e morre fuzilado pelos nazistas em 1944) em seus comentários sobre a dualidade local-global. Isso não aconteceu principalmente pela atitude de Lautman que se colocara contrário à posição formal dos lógicos e, em uma comunicação no Congresso Internacional de Filosofia Científica (Paris, 1935), afirma sua independência dos lógicos que dominavam então o discurso científico e faziam de seu programa axiomático uma regra a ser seguida. Lautman afirma:

Os lógicos da Escola de Viena afirmam que o estudo formal da linguagem científica deve ser o único objeto da Filosofia da Ciência. Essa é uma tese difícil de ser admitida por aqueles filósofos que consideram como sua função essencial estabelecer uma teoria coerente da relação entre a lógica e a realidade. (Tradução nossa.)

É essa tentativa de construir uma íntima compreensão entre as matemáticas e o real da física que vai conduzir Lautman a produzir uma solução bastante satisfatória das dificuldades que Gödel explorara em sua solução cosmológica contendo CTC.

De um modo simples, podemos sintetizar o argumento de Lautman por meio da afirmação de que, contrariamente ao que um reducionismo atômico dos físicos (complementar ao procedimento apriorístico de axiomatizar, consagrado pelos lógicos) que organizara a totalidade do mundo a partir de elementos fundamentais (os átomos) ele sustenta a tese dual de que processos locais dependem de processos globais, trazendo a Cosmologia para o centro da questão.

É Lautman quem afirma: "Procuramos estabelecer uma ligação entre a estrutura do todo e as propriedades das partes, pela qual a influência organizadora do todo ao qual elas pertencem se manifesta nas partes."

Ou seja, as propriedades locais não são independentes das propriedades globais e vice-versa. Desse modo, as contradições lógicas só aparecem ao acreditar na independência completa entre processos descritos por equações (diferenciais) que tratam de configuração local e a característica global determinada pela topologia.

As propriedades do mundo microscópico estão em íntima conexão com as características topológicas do Universo: o Cosmos é solidário.

Com efeito, considere-se uma propriedade típica de uma partícula como o nêutron – sua massa, por exemplo. Não há nenhuma teoria satisfatória que consiga, a partir de considerações mais fundamentais, obter o valor da massa do nêutron. No entanto, pode-se construir diversos mecanismos segundo os quais uma partícula sem massa adquire massa. Há mais de um século, o cientista Ernst Mach propôs considerar a massa das partículas como um processo de interação global. Einstein se baseou nessa proposta para intuir sua Teoria da Gravitação, a Relatividade Geral.

Na última década, os físicos de partículas elementares abandonaram essa ideia e produziram um mecanismo segundo o qual a massa seria consequência da interação entre a partícula sem massa e um determinado campo escalar que os físicos passaram a chamar campo de Higgs, popularmente bóson de Higgs. A detecção de uma partícula com as características desse bóson H consubstanciou no pensamento dos físicos que esse mecanismo é o verdadeiro, e a ideia original de Mach foi completamente desconsiderada. O atomismo sobreviveu.

Essa situação se alterou profundamente quando, recentemente, a origem da massa de todos os corpos foi obtida a partir da proposta original de Mach, isto é, da dependência de uma propriedade local a uma propriedade global. Ou seja, Mach tinha razão ao relacionar a massa dos corpos às propriedades globais do Universo.

A argumentação de coerência completa, apresentada por Lautman, mostra que o compromisso entre uma característica local de um corpo de qualquer natureza e propriedades do todo onde esse corpo está mergulhado dissolve as dificuldades de CTC, como procurava Gödel. A eliminação da aparente contradição que se associa aos caminhos CTC é consequência da solidariedade cósmica. Embora diferentes representações dos fenômenos sejam possíveis, os acontecimentos em cada lugar do espaço-tempo têm caráter único. A descrição do mundo deve considerar essa propriedade como definitiva.

Se Gödel usasse sua CTC para ouvir o discurso de Lautman, 13 anos antes de seu teorema, poderia se abster de tratar as dificuldades causais de seu cenário cosmológico como associadas às limitações do livre-arbítrio.

De seu trabalho, pode-se concluir que as leis físicas válidas na nossa vizinhança terrestre podem não ser válidas nas imensidões cósmicas. Explicitamente, exibiu o modo pelo qual a causalidade local (distinção perfeita entre passado e futuro) não pode ser aplicada em geral ao Universo, pois depende de suas propriedades

Comentário

Uma simples leitura, mesmo que superficial, em qualquer livro de Cosmologia relativística mostra uma característica comum interessante: todos os modelos cosmológicos são representados em sistemas gaussianos, ou seja, em que se faz a separação convencional típica da Relatividade Especial envolvendo uma coordenada de tempo (o tempo gaussiano) e três coordenadas espaciais. Existe apenas uma notável exceção, o Universo em rotação de Gödel. Essa particularidade é, em geral, interpretada como nada mais que uma consequência da conhecida impossibilidade de construir um sistema gaussiano global único nesta geometria.

globais. Dito de outro modo, Gödel produziu a desconstrução da causalidade tradicional.

No entanto, tal propriedade não proíbe o uso de um sistema gaussiano local. De fato, a Teoria da Variedade Diferencial de Riemann afirma que é sempre possível, pelo menos em um domínio restrito, representar eventos por meio de um sistema de coordenadas gaussianas. A extensão desse sistema para além de um determinado domínio depende das propriedades globais da geometria. Embora tenha havido alguns comentários na literatura sobre sistemas sincronizados do modelo cosmológico de Gödel, uma forma explícita só apareceu em 1993. Isto é, para representar todo o Universo de Gödel, é preciso um conjunto de sistemas gaussianos de coordenadas.

A restrição que limita cada sistema sincronizado pode ser entendida como consequência da propriedade altamente confinante da Geometria de Gödel. Surge, então, a questão: como conciliar tal confinamento com a propriedade de homogeneidade dessa métrica? Como poderia um ponto (qualquer ponto) desse espaço-tempo tão homogêneo agir como um atrator irresistível? Esta é precisamente a condição para limitar a extensão de uma família escolhida de geodésicas temporais, inibindo-a de ir além de um determinado domínio, restringindo, assim, a região abrangida pelo sistema de coordenadas gaussiano considerado.

Para entender isso, deve-se observar com mais cuidado o comportamento dinâmico da partícula livre que determina o conjunto de observadores inerciais característico de cada sistema gaussiano. Chamaremos de $U(i)$ cada parte do Universo de Gödel coberto por um dado sistema gaussiano (i).

A região abrangida por esse sistema, o Universo $U(i)$, pode ser retratada de forma alternativa como a evolução de uma região solidária, única e compacta, que tentará ser descrita a seguir. Tudo se passa, para esses observadores gaussianos, como se estivessem em um Universo em expansão. O comportamento dessa expansão sugere a interpretação do sistema Gauss (i) como o estabelecimento de um referencial gerado por uma classe fictícia de observadores em *background* Minkowski como proposto por Milne.

Para entender isso, será feita uma breve revisão das propriedades desse cenário de Milne no caso para o qual ele foi criado pela primeira vez, ou seja, o de uma Geometria de Minkowski descrita por uma congruência de observadores em expansão.

De acordo com a ideia de Milne, de um ponto arbitrário O do espaço-tempo de Minkowski um número infinito de partículas idealizadas (sem quaisquer propriedades materiais, ou seja, sem massa, sem volume – verdadeiros fantasmas) é disparado em todas as direções de forma completamente aleatória, com todas as velocidades possíveis.

No ponto O existe uma espécie de mecanismo de criação do espaço-tempo, um falso Big Bang, que nada mais é do que a redução de todo o espaço-tempo de Minkowski a uma pequena porção dele, a região dentro do cone de luz gerado a partir de O. Essa região é chamada de Universo Milne. Sua geometria assume a forma de Friedmann, em que a curvatura do espaço-tempo é nula. Os observadores fundamentais de Milne são comoventes, isto é, estão em repouso uns em relação aos outros. A expansão dessa congruência de observadores inerciais assume o valor infinito no tempo (gaussiano) $t = 0$.

O referencial de Milne contém um horizonte trivial, uma vez que consiste em um sistema particular de coordenadas gaussiano limitado, que, no entanto, pode ser estendido além de sua fronteira por outra escolha de coordenadas. Nesse sentido, tem sido argumentado – não completamente sem fundamento – que o Universo de Milne nada mais é do que uma construção artificial autolimitada graças a uma escolha deficiente de coordenadas para descrever o espaço-tempo de Minkowski.

No entanto, em outras classes de espaços-tempos existem propriedades globais tais que a realização de uma classe de observadores semelhante à de Milne não sofre as críticas citadas; em vez disso, torna-se precisamente o quadro mais adaptável no qual uma história causal de eventos pode ser exibida. Tem-se um exemplo dessa afirmação ao observar as propriedades do Universo de Gödel.

Da análise anterior do comportamento das geodésicas na Geometria de Gödel, conclui-se que qualquer partícula material ou fóton, que passa por um ponto arbitrário, digamos A, é confinado em um cilindro de raio Rc circundando A. Uma vez que essa geometria é completamente homogênea, tal confinamento é garantido para qualquer um de seus pontos. Um aspecto tão curioso do confinamento foi analisado extensivamente.

Assim, ao se tentar obter um sistema gaussiano de coordenadas para essa geometria por meio de geodésicas temporais, depara-se com a limitação demonstrada anteriormente, que nada mais é do que a contrapartida da ocorrência de curvas temporais fechadas (não geodésicas) nessa geometria. Ou seja, não é possível criar um único sistema gaussiano de coordenadas capaz de representar toda a Geometria de Gödel.

Referências

CASSOU-NOGUÈS, P. *Les Démons de Gödel*. Paris: Ed. Seuil, 2007. As citações de Gödel são extraídas de suas notas pessoais como descritas nesse livro.

LAUTMAN, A. *Les Mathématiques, les Idées et le Réel Physique*. Paris: Librarie Philosophique J. Vrin, 2006.

NOVELLO, M.; SOARES, I. D.; TIOMNO, J. Geodesic Motion and Confinement in Gödel's Universe. *Physical Review D*, v. 27, 4, 15 fev. 1983.

NOVELLO, M.; SVAITER, N. F.; GUIMARÃES, M. E. X. Synchronized Frames for Gödel's Universe. *General Relativity and Gravitation*, v. 25, n. 2, 1993.

BURACO NEGRO NÃO GRAVITACIONAL

Gravitação sem gravitação

No rastro do homem invisível.

Mario Novello

Maxwell e a propagação da luz

Os fenômenos luminosos são configurações descritas pelo campo eletromagnético. O físico J. C. Maxwell formulou, há mais de um século, um conjunto de equações que descrevem os processos eletromagnéticos, possibilitando, assim, determinar as leis de propagação da luz.

A propriedade mais notável dessa formulação consiste na linearidade de suas equações. Isso simplifica enormemente a descrição, pois permite, dado dois casos particulares de soluções exatas dessas equações, obter novas soluções simplesmente pela adição daquelas duas.

Essa linearidade e a observação da constância da velocidade de propagação destas ondas teve várias consequências importantes, e o momento culminante ocorreu na síntese dos trabalhos efetuados por H. Poincaré, H. Lorentz, A. Einstein entre outros, na Teoria da Relatividade Especial.

O mais inesperado e importante resultado dessa investigação resultou na modificação da Geometria Euclidiana do espaço newtoniano a três dimensões para uma Geometria Não Euclidiana a quatro dimensões, em que a quarta dimensão adicional é o tempo.

Segue dessa nova descrição espaço-temporal que os caminhos da luz são geodésicas − curvas de distância mínima entre dois pontos – na nova geometria chamada de Minkowski, em homenagem a um dos principais cientistas cujas ideias possibilitaram o aparecimento da Relatividade Especial.

Passou-se então da descrição de um tempo absoluto e um espaço absoluto da Física clássica (newtoniana) para um espaço-tempo absoluto da Física relativista. Em ambas configurações, a estrutura de geometria associada é plana, isto é, sem curvatura.

Curvando o espaço-tempo

Em 1915, Einstein deu um enorme passo para além dessa configuração absoluta e congelada da métrica do espaço-tempo sugerindo que o campo gravitacional pode ser representado pela alteração que matéria e energia, sob qualquer forma, provocam na geometria do mundo. Ou seja, sob o efeito gravitacional, a geometria do espaço-tempo se transforma, deixa de ser plana e adquire uma curvatura, controlada pela matéria que gerou o campo.

Segue dessa teoria que a trajetória dos corpos materiais de qualquer natureza são essas curvas privilegiadas, as geodésicas, na geometria encurvada.

A propagação da luz, segundo as Equações de Maxwell, seguem igualmente geodésicas nesse espaço curvo.

Buraco negro gravitacional

O campo gravitacional gerado por um corpo compacto, digamos uma estrela, é descrito pela métrica especial descoberta pelo astrônomo Karl Schwarzschild, em 1916. No entanto, foi somente nos anos 1960 que uma análise rigorosa de suas características pôde ser compreendida. A mais surpreendente delas é a existência de uma superfície, chamada horizonte, que possui a estranha propriedade de ser atravessada somente em uma direção, de fora (da estrela) para seu interior, ou seja, nenhuma forma de energia e/ou matéria pode sair de seu interior, nem mesmo a luz (embora efeitos quânticos possam violar essa restrição). Devido a essa especificidade foi-lhe atribuída o nome de buraco negro. É bem verdade que nem todo corpo compacto de raio R gera um buraco negro: para ser um buraco negro entre sua massa M e seu raio deve existir a relação de desigualdade representada por $R < 2GcM$, em que G é a Constante de Newton da gravitação e c é a velocidade da luz.

Além de Maxwell: não linearidade

Embora a Teoria Linear de Maxwell consiga explicar a quase totalidade dos fenômenos eletromagnéticos em circunstâncias convencionais, de nosso cotidiano, existem situações em que processos não lineares controlam sua dinâmica. Esses aparecem seja devido a questões que provém do mundo quântico, seja devido a processos gravitacionais provocando a interação do campo eletromagnético com a curvatura da geometria do espaço-tempo.

De qualquer modo, qualquer que seja sua origem, essa não linearidade dos processos eletromagnéticos produz um resultado notável: a propagação da luz não segue mais a prescrição de Maxwell, mas sim tudo se passa como se a onda luminosa fosse mergulhada em uma nova geometria controlada pelo campo eletromagnético.

A origem dessa proposta de alterar a geometria por onde a luz se propaga, independentemente de seu caráter não linear, ainda no interior da Teoria de Maxwell, foi sugerida pelo físico W. Gordon, em 1923. Ou seja, independentemente de seu caráter não linear, W. Gordon mostrou que, ao estudar a propagação da luz em meios dielétricos em movimento, a luz se propaga através de caminhos que são geodésicas em uma métrica efetiva dependente das propriedades do meio e do seu movimento.

Geometrias efetivas

O grande sucesso da análise de fenômenos eletromagnéticos se deveu ao fato de que essa interação pode ser controlada em experiências de laboratório. Isso é consequência da existência de partículas que possuem carga positiva e partículas que possuem carga negativa. Assim, é possível, com habilidade, produzir em laboratório campos eletromagnéticos com as características mais diversas possíveis. Nada semelhante com a gravitação. É impossível, no laboratório, produzir experiências capazes de controlar o fenômeno gravitacional. Isso se deve à universalidade da gravitação, associada à propriedade de que não existe gravitação repulsiva. Ou seja, em termos newtonianos, não existe no Universo corpos que tenham massa negativa.

Como, então, obter informações sobre as características de um dado campo gravitacional? Somente se a natureza nos oferecer.

Seria possível estudar as propriedades de um dado campo gravitacional de outra forma, mais controlável?

Sabemos que processos gravitacionais podem ser entendidos como alterações na geometria do espaço-tempo. A questão, então, passou a ser: é possível imitar formas de geometrias típicas de processos gravitacionais observados, como o campo de uma estrela e a dinâmica do Universo?

Imitando a gravitação: buraco negro artificial

A ideia de imitar fenômenos gravitacionais por meio de processos de outra natureza começou a se desenvolver na última década do século XX. É bem verdade que Gordon utilizou alterações na métrica do espaço-tempo para descrever a propagação da luz em meios dielétricos em movimento. No entanto, essa ideia ficou congelada e não teve consequências imediatas nem foi usada regularmente.

O uso de alterações na estrutura geométrica do espaço-tempo só teve um grande impulso quando processos de natureza não linear começaram a dominar a análise da propagação da luz na última década do século XX.

Em verdade, a alteração da métrica como um método sistemático para descrever processos de natureza não gravitacional só ganhou relevância e notoriedade quando se descobriu como seria possível realizar experiências de laboratório para testar fenômenos gravitacionais. Dentre esses, o mais midiático foi a construção do chamado buraco negro artificial. Ou seja, a noção de buraco negro não é mais entendida como pertinente exclusivamente a campos gravitacionais.

Em outubro de 2000, aconteceu no Centro Brasileiro de Pesquisas Físicas a primeira conferência internacional envolvendo cenários capazes de permitir a construção em laboratório terrestre de um buraco negro efetivo, isto é, de um objeto de origem não gravitacional tendo propriedades semelhantes às de um buraco negro gravitacional.

Conforme foi explicitado, naquela conferência, vários fenômenos de origens diversas foram capazes de imitar tal cenário gravitacional, entre os quais, graças à sua simplicidade, se destacam os processos eletromagnéticos.

A propriedade fundamental para caracterizar um buraco negro é sua invisibilidade. Ou seja, a luz em seu interior não pode escapar, ela permanece aprisionada. Uma tal propriedade de natureza gravitacional pode ser imitada em laboratório usando processos eletromagnéticos.

Ao demonstrar a possibilidade de produzir situações controláveis, utilizando somente a interação eletromagnética para imitar um buraco negro gravitacional, a noção de invisibilidade tornou-se uma questão tecnológica. A aventura da invisibilidade de um personagem de H. G. Wells e suas extraordinárias peripécias passaram a não ser, enfim, tão fantasiosas assim.

Imitação do Universo em expansão no laboratório terrestre

Uma outra possibilidade de descrição de propagação que os físicos descobriram envolve a possível existência de um campo escalar sem massa. Essa possibilidade tem sido usada em Cosmologia para entender o fenômeno da aceleração do Universo entre outros. Em geral, esse campo é tratado como satisfazendo uma Equação Dinâmica Não Linear.

Aqui aparece uma situação análoga ao caso da luz, pois as descontinuidades desse campo escalar, ou seja, suas ondas de propagação seguem geodésicas em uma geometria efetiva construída com o próprio campo escalar.

Essa propriedade permite, então, a construção formal de uma métrica que tem todas as propriedades do Universo em expansão proposto por Friedmann. Ou seja, essas ondas escalares são interpretadas como mergulhadas em um Universo em expansão, sem campo gravitacional.

Essas estranhas propriedades são citadas aqui para enfatizar que mecanismos de transformação da geometria do espaço-tempo podem ser associados a diversos fenômenos, para além da gravitação, por meio de configurações não gravitacionais. Podemos testar, assim, processos imitando fenômenos gravitacionais no laboratório. Ou seja, gravitação sem gravitação.

Referências

NOVELLO, M.; HUGUET, E.; QUEVA, J. A Toy Model of a Fake Inflation. *Physical Review D*, 123531, 2006.

NOVELLO, M.; VISSER, M.; VOLOVIK, G. (Ed.). *Artificial Black Holes.* Nova Jersey, Londres, Singapura, Hong Kong: World Scientific, 2002.

NOVELLO, M. *et. al.* Geometrical Aspects of Light Propagation in Nonlinear Electrodynamics. *Physical Review D*, v. 61, 045001, 2000.

MOISEY ALEXANDROVICH MARKOV

Quando a Cosmologia realiza sonhos infantis

Em algumas histórias infantis, aparece a estranha imagem de que nosso mundo nada mais é do que um átomo de um Superuniverso. Essa ideia povoa o imaginário de muitas infâncias e está presente até hoje em filmes e desenhos animados, como na série americana *Os Simpsons*. Quando lemos sobre isso e comentamos com nossos amigos, sorrisos aparecem nos rostos de todos mostrando quão absurda é essa ideia.

E, no entanto, a Cosmologia pode mostrar que ela não é tão inverossímil quanto parece. Uma análise que exemplifica bem isso foi feita pelo físico russo Alexandrovich Markov (1908-1994) envolvendo uma combinação de configurações típicas da Teoria da Relatividade Geral de Einstein em sua descrição do campo gravitacional.

Nota-se que, segundo a Teoria da Relatividade Geral, a gravitação nada mais é do que a modificação da geometria do espaço--tempo controlada pela matéria e energia. Isso significa que a geometria do espaço-tempo é determinada por uma solução das equações da RG tendo como fonte uma dada distribuição de energia. A proposta de Markov se estrutura a partir de duas configurações distintas do campo gravitacional, a saber: o campo de uma estrela e a descrição do Universo na Cosmologia contemporânea.

Vamos entender de que modo isso é possível e como essas duas formas de geometria se combinam determinando uma estrutura única que permite uma realização daquela fantástica ideia de associar nosso mundo a nada mais que um átomo de uma superestrutura.

A descrição atual do Universo se organiza a partir da formulação da RG, associando seu conteúdo material a um fluido perfeito descrito por uma densidade de energia E e uma pressão p. Essa matéria gera uma geometria variável dependente do tempo cósmico, conforme proposta feita há cem anos pelo físico russo Alexander Friedmann.

Outra importante configuração do campo gravitacional é a solução descoberta pelo físico e astrônomo alemão Karl Schwarzschild, que descreve a geometria estática na vizinhança de uma estrela (gerada pela matéria que existe em seu interior). Essa solução se tornou extremamente popular por exibir uma característica incomum, a possível existência de buraco negro, uma configuração especial que torna a estrela invisível, identificada somente pela ação gravitacional que exerce sobre os corpos em sua vizinhança.

Embora essas duas soluções, de Friedmann e Schwarzschild (denominadas F e S, respectivamente), sejam totalmente independentes e tratam de configurações completamente distintas, Markov encontrou um modo extremamente engenhoso para acoplá-las. Ele argumentou que a solução S, embora correta e bastante satisfatória para representar o campo gravitacional na vizinhança de um corpo compacto, possui uma pequena simplificação: ela não considera que esse corpo esteja mergulhado num Universo dinâmico.

Markov dá um passo além e associa à região assintótica da estrela – a região bastante afastada da estrela – a geometria de um Universo em expansão, ou seja, a solução F. Quanto ao interior da estrela, constituída de matéria de densidade e pressão variáveis, como caracterizar sua geometria? Há várias possibilidades. Uma, em particular, interessa para análise aqui, a que identifica a métrica do interior da estrela com uma solução do tipo F.

Assim, seguindo Markov, poderíamos considerar uma configuração complexa estruturada em três camadas, conectando as Geometrias de Friedmann e Schwarzschild sob a forma F-S-F, isto é, uma geometria do tipo Friedmann (Universo em expansão) representando o interior da estrela, conectada a um exterior que se identifica com a geometria de uma estrela (Schwarzschild) que se estende longinquamente a um Universo em expansão.

Uma tal estrutura poderia ser estável e representar o que chamaríamos uma partícula elementar, em uma unificação das características da partícula em termos dessas configurações geométricas.

Em um momento seguinte, Markov estende essa argumentação e demonstra a possibilidade de que nosso Universo poderia ter uma semelhante continuidade geométrica e ser descrito como se fosse um átomo de uma superestrutura, ou seja, uma configuração tipo F-S-F-S.

Essa estranha estrutura é um exemplo do que pode ser chamado de uma "utopia controlada", isto é, uma configuração dificilmente observável, mas que satisfaz todas as leis físicas conhecidas.

Uma criança que imagina nosso mundo como uma estrutura elementar – um "átomo" – de uma configuração maior, certamente se apossaria imediatamente da ideia de Markov. Os físicos mais conservadores certamente diriam que se trata somente de uma possibilidade formal, teórica. Nada mais do que isso. No entanto, a construção de Markov permite afirmar que não deveríamos considerar tão fantasiosa assim a ideia de que nosso mundo possa ser um átomo de um Superuniverso.

Mario Novello

Referência

MARKOV, M. A. Cosmology and Elementary Particles. *In*: INTERNATIONAL CENTRE FOR THEORETICAL PHYSICS. Lecture Notes, Trieste, 1971.

ERNST MACH E A ORIGEM DA MASSA

Mach ou Higgs?

Introdução

Na última década, os físicos de altas energias propagaram como verdadeira a hipótese de que a massa de todos os corpos seria consequência de uma nova interação com um onipresente campo escalar chamado Higgs. A descoberta de uma partícula associada a esse campo, com as características desse bóson de Higgs, transformou essa proposta em verdade hegemônica junto à comunidade científica, aceitando-a como a demonstração daquela função de geradora universal das massas de todos os corpos. Restava inexplicada uma questão crucial, associada ao fato de que esse bóson de Higgs tem ele mesmo uma massa: quem dá massa ao bóson de Higgs?

Um modo natural de responder a essa questão abriu o caminho para uma nova/antiga interpretação da origem da massa. A partir de uma leitura einsteiniana das considerações de Mach sobre a inércia dos corpos, a massa deveria estar associada de modo universal à interação gravitacional. Dito de outro modo, a massa de qualquer corpo é o resultado de um processo autoiterativo da massa de todos os demais corpos existentes no Universo.

Na linguagem da Teoria da Relatividade Geral, isso significa que é a expressão da inércia de todos os corpos no Universo que produz a massa de cada corpo. A gravitação nada mais seria do que um catalisador desse processo. É a constante cosmológica, introduzida por Einstein em seu programa cosmológico original, que teria esse papel de contato entre cada corpo e essa representação cósmica de sua geometria.

A origem da massa

Até meados da década de 1960, os cientistas acreditavam que a massa dos corpos era uma propriedade natural, e que, consequentemente, não requeria uma explicação ulterior. Ou, dito de outro modo, epistemológico, não havia mecanismos nem embasamento formal capaz de produzir uma explicação coerente e aceitável sobre a redução do conceito de massa (de todos os corpos existentes) a estruturas formais mais elementares.

Com exceção do fóton, todas as partículas observadas na natureza têm massa. Até muito recentemente os diferentes tipos de neutrinos também eram considerados como partículas sem massa. No entanto, nos últimos anos, a possibilidade de esses neutrinos serem massivos tem sido amplamente examinada. Grande parte da comunidade científica acredita que existem razões suficientes, originadas de observações indiretas e formais, que apoiam a ideia de que neutrinos são partículas massivas. Assim, reconhece-se que, entre todas as partículas efetivamente observáveis, somente o fóton não possui massa.

E, então, surge a questão: qual é a origem da massa de todas as partículas existentes no Universo e por que só o fóton não tem massa?

Dos planetas aos átomos

Um longo caminho de investigação, envolvendo a Química, a Física e a Astronomia, permitiu entender a totalidade dos corpos macroscópicos, como estrelas e planetas, em termos de quantidades microscópicas, como moléculas e átomos, e seus constituintes mais elementares, como elétrons, prótons e nêutrons. E, ao longo do século XX, foi possível penetrar no mais íntimo da matéria, as partículas elementares, construídas a partir de duas grandes famílias, os léptons e os *quarks*. Fez-se, então, uma grande economia de pensamento: não havia mais a necessidade de produzir uma explicação para a origem da massa de cada corpo existente no Universo, mas apenas para o surgimento de uns poucos elementos fundamentais – da ordem de algumas dezenas – que, segundo a Física, constituem os blocos fundamentais com os quais qualquer corpo pode ser construído.

Foi então possível fazer a indagação que nos ocupa aqui: a massa é um conceito primitivo ou é derivada de alguma propriedade mais elementar, uma subestrutura mais fundamental, uma interação ou uma essência outra a partir da qual ela se define e se constitui?

Os mecanismos escondidos

Antes de proceder à descrição das duas propostas mais relevantes sobre a origem da massa de todos os corpos – que chamaremos de mecanismo do bóson (de Higgs) e mecanismo gravitacional (de Mach) – deve-se perguntar quais as condições que um processo físico deve satisfazer para que seja aceito como bom candidato à esta função (de gerar massa). Isso simplifica bastante o desenrolar do inquérito instaurado para entender a origem da massa. A resposta é essencialmente técnica, mas pode ser sintetizada da seguinte forma. Um mecanismo é capaz de gerar massa para as partículas elementares se sustenta em três requisitos:

1. Uma interação universal que atue sobre todos os corpos;
2. Essa interação deve exibir explicitamente o modo como os corpos adquirem massa;
3. Um parâmetro livre capaz de dar valores distintos à massa das diferentes partículas.

Para satisfazer o primeiro requisito, os físicos tinham duas opções: considerar o campo gravitacional ou postular a existência de um novo campo como agente de uma nova interação.

Havia várias razões para que os físicos de altas energias, envolvidos em descrever a microfísica, preferissem a ousadia e o caminho especulativo de propor a existência de um novo campo. Essa opção trazia um certo número de respostas a outras questões envolvendo o microcosmos, no interior mais profundo da matéria. Por outro lado, ao apoiar esse caminho, valia-se de uma crítica negativa ao mecanismo gravitacional.

Sabe-se que a força gravitacional é fraca. Consequentemente, embora a gravitação seja dominante em processos descritos na Astronomia e na Cosmologia – que tratam de grandes quantidades de matéria e grandes dimensões de espaço e tempo – pensava-se que ela não devia ter um papel relevante no microcosmo. Pelo menos no nível dos átomos, elétrons e prótons essa força pode ser desprezada. Tal característica deve-se ao fato de que a Constante de Newton G, que determina a intensidade dessa força, é extremamente pequena se comparada com as constantes envolvidas nas forças nucleares. Como se admitia – de maneira errônea, conforme se mostrou recentemente – que a fórmula da massa gerada a partir da interação gravitacional deve conter essa constante G, concluiu-se que este mecanismo não deveria ser um sério competidor de qualquer outro que dependa de forças nucleares, microscópicas, todas elas muito mais intensas.

Foi somente após investigações realizadas em 2010 que esse argumento, aparentemente sólido, desmanchou-se no ar. Contribuiu para isso a forma como o Princípio de Mach foi utilizado, como será visto adiante.

Mecanismo de Higgs

Na base desta proposta encontra-se a hipótese de que exista uma nova interação da Física, cujo grau de generalidade não se conhece e consequentemente deve ser postulado para preencher o primeiro requisito, mencionado anteriormente. Seu agente principal seria uma partícula que ficou conhecida como bóson de Higgs. A ela está associado um campo que se entende no espaço-tempo, o campo de Higgs.

Assim como a gravitação constitui um processo não linear, propôs-se a hipótese de que o bóson de Higgs deveria também atuar sobre si mesmo. Graças a essa autointeração, esse campo admite a existência de um estado fundamental – o vazio – no qual sua correspondente energia constante se espalha pelo espaço. Pois é precisamente a energia deste estado fundamental que é a base do mecanismo de geração de massa proposto por Higgs. É a partir desse estado fundamental que todas as outras partículas adquirem uma massa que é, então, função direta do valor da energia deste estado de vazio do bóson de Higgs. Pode-se sintetizar esse mecanismo de Higgs da seguinte forma: toda partícula A está envolta em um mar de energia que representa localmente o estado mais fundamental do vácuo de um campo escalar especial (o bóson de Higgs). Este envoltório é interpretado como a massa de A.

Quem dá massa àquele que supostamente dá massa a todos os corpos?

Como consequência desse processo, uma característica desagradável aparece e produz uma dificuldade formal séria para esse modelo de Higgs. Além da hipótese de que o bóson de Higgs tem um processo de autointeração, deve-se aceitar também que ele possui massa. Sem essa massa, aquele estado fundamental não pode ser atingido, inibindo, assim, que se forme a configuração necessária para prover massa aos outros corpos. Isso porque a existência daquele vazio estável depende precisamente de uma combinação especial de valores que conectam a massa do bóson de Higgs e os valores associados à sua autointeração.

Surge, então, a questão: qual a origem dessa massa do bóson de Higgs? Ou, de modo semelhante à pergunta inicial, quem dá massa ao bóson de Higgs?

Uma indagação como essa não se aplica à gravitação, que é uma força de longo alcance. Ou seja, no mecanismo gravitacional, essa dificuldade de princípio não existe.

Em cena a gravitação

Embora o conceito de massa apareça em inúmeros processos que envolvem a gravitação, até pouquíssimo tempo atrás não se conhecia um mecanismo eficiente a partir do qual a massa apareça como consequência de processos gravitacionais. Ao contrário, foi precisamente no território das altas energias, no domínio da microfísica – onde a gravitação é deixada de lado, como irrelevante, devido à extrema fraqueza de seus processos – que apareceu um modelo para gerar massa, com base em processos elementares de interação com um novo campo ainda não observado, o campo de Higgs.

A ideia original da elaboração de um mecanismo gravitacional para entender a massa como um processo de interação se apoia em uma noção antiga, de mais de um século: o Princípio de Mach.

Princípio de Mach: local ou global?

O sucesso da Física ao retalhar o mundo para estabelecer uma hierarquia entre os fenômenos foi certamente um fator importante na caracterização da origem da massa. De acordo com essa visão, a massa de um corpo deve ser entendida ou como um conteúdo apriorístico da matéria ou como um processo local associado a alguma forma de ação contígua, eliminando qualquer papel referente às propriedades globais do Universo.

Assim, não é de se estranhar que o chamado Princípio de Mach tenha causado um choque e, ao mesmo tempo, despertado curiosidade ao relacionar propriedades entendidas até então como locais com características globais do Universo.

Na versão de Einstein desse princípio (1912), a inércia total de um corpo massivo, por menor que ele seja, nada mais é do que o efeito da presença de todas as outras massas existentes. Ou, de outro modo, a massa de um corpo A é o resultado da ação sobre A de toda a energia existente no Universo, isto é, da ação do resto do Universo.

Neste ponto, Einstein usa sua interpretação da mecânica de Mach para produzir a Relatividade Geral – que nada mais é do que uma teoria da gravitação – capaz de ser o agente desta influência cósmica sobre qualquer corpo.

Há uma longa e interessante discussão que envolve a interpretação do Princípio de Mach por Einstein na sua teoria, mas essa questão não será abordada aqui. Pretende-se somente reter a interpretação einsteiniana de que a massa de um corpo está intimamente relacionada à interação gravitacional. E mais: para se entender a massa em termos mais fundamentais, deve-se associá-la a processos gravitacionais globais. Isto é, a massa de um corpo qualquer, por menor que seja (como um elétron ou um próton), deve depender da interação gravitacional desse corpo com o resto do Universo. Ou seja, a inércia de um corpo é uma propriedade da matéria e de sua interação com o resto do Universo, da distribuição global de energia.

Pode causar surpresa a ideia presente no Princípio de Mach de que uma propriedade específica de um corpo esteja relacionada à estrutura global do espaço-tempo. Esta solidariedade do Universo não faz parte daquele modo de compreender o mundo por meio de seu retalhamento, de sua divisão em processos contíguos. Esta é, sem dúvida, a grande distinção entre essas duas propostas rumo à compreensão do conceito de massa.

De um lado, temos o mecanismo de Higgs, a ideia de redução da influência do Universo sobre suas partes; do outro lado, o mecanismo gravitacional, a interconexão ente o local e o global, a ação do Universo sobre suas partes.

Apesar do grande sucesso da Teoria da Relatividade Geral, que Einstein elaborou a partir de sua visão machiana, ela não teve igual sucesso na produção de uma fórmula para a massa. Ela não havia criado, até muito recentemente, uma versão quantitativa capaz de exibir esta dependência global da massa em relação à gravitação.

Cem anos de solidão

Embora a Teoria da Relatividade Geral de Einstein possa ser compreendida e estudada de modo independente das ideias de Mach – para quem a inércia de um corpo A depende da distribuição global de energia de todos os corpos existentes no Universo –, deve-se reconhecer seu valor histórico na produção formal da ideologia que serviu como pano de fundo para Einstein empreender a maravilhosa caminhada que o conduziu à ideia de associar a gravitação com a estrutura métrica do espaço-tempo.

Durante o século XX, a ideia fundamental de associar propriedades locais da matéria e suas interações com o estado global do Universo foi aparecendo aqui e ali, sem, no entanto, ter conseguido exibir um mecanismo seguro e confiável capaz de pôr em evidência esta interconexão entre o local e o global. Ou melhor, sem que aparecesse o efeito da estrutura global do Universo sobre propriedades locais. O próprio conceito de massa, que permeia todos os processos gravitacionais, não havia alcançado uma formulação eficiente capaz de exibir essa dependência com a totalidade do que existe.

Assim, durante os últimos cem anos, esse modo einsteiniano de traduzir as ideias de Mach não tinha obtido uma forma eficiente de interferir nas teorias da Física. Essa ineficiência foi certamente uma das razões que conduziram à aceitação, por parte dos físicos, do modo de Higgs de gerar massa.

Mecanismo gravitacional

Entretanto, essa dificuldade foi contornada recentemente por meio de uma reinterpretação do Princípio de Mach e de seu papel na geração da massa de todos os corpos. Como consequência desse novo procedimento, obteve-se duas propriedades essenciais, a saber:

1. Na fórmula de massa obtida pelo mecanismo gravitacional não aparece a Constante de Newton;

2. O mecanismo gravitacional independe das propriedades específicas do campo gravitacional.

Para conseguir demonstrar a existência formal de uma proposta que contivesse essas duas propriedades, foi necessário entender que a gravitação interage com a matéria de uma maneira um pouco mais complexa do que se supunha. A demonstração disso é técnica demais para que possa ser descrita neste livro. No entanto, apenas para visualizar o que está em jogo, será feito um breve comentário.

Há duas propriedades importantes em cena aqui: o modo como os corpos reagem a um campo gravitacional e a ação da energia do resto do Universo sobre os corpos. Podemos descrevê-las resumidamente do seguinte modo:

1. A interação gravitacional – como descrita por Einstein em sua Teoria da Relatividade Geral – substitui o modo tradicional newtoniano de tratar a ação de uma força sobre um corpo, pela modificação da estrutura métrica do espaço-tempo. Nessa interpretação, o mecanismo em questão se baseia na dependência dessa interação com a curvatura do espaço-tempo.

2. Ao aceitarmos a ideia de que as propriedades inerciais de um corpo A são determinadas pela distribuição de energia de todos os outros corpos do Universo, uma questão aparece de imediato: como descrever este estado universal que é capaz de levar em conta a contribuição do resto do Universo sobre A?

É nesse contexto que se insere a interconexão entre os mundos clássico e quântico, pois esse estado do resto do Universo pode ser descrito como o estado fundamental da matéria, o estado do vazio. Isto é, tudo se passa como se houvesse uma constante cosmológica Λ

e que o corpo A se visse mergulhado em um mar de energia constante, distribuída homogeneamente em todo o espaço-tempo. Usando esses dois procedimentos, realiza-se a função de doar massa para o corpo A. Talvez a interpretação mais relevante desse mecanismo seja o reconhecimento de que a gravitação é somente um agente catalizador entre os corpos elementares (elétron, próton etc.) e o resto do Universo.

Essa estrutura global ou domínio de influência de todos os demais corpos e campos capazes de influenciarem A será chamada de "resto do Universo de A". A ação desse resto do Universo sobre A se dá pela interação gravitacional universal: o corpo A percebe o resto do Universo como se estivesse mergulhado no vazio cósmico.

Pode-se, então, sintetizar esse mecanismo da seguinte maneira: pelo mecanismo gravitacional, toda partícula A está envolta em um mar de energia que representa localmente o estado mais fundamental do vácuo de todo o Universo. Este envoltório é interpretado como a massa de A.

Talvez seja relevante enfatizar que a massa ocorre como um processo que relaciona A ao resto do Universo. A gravitação nada mais é do que o agente catalizador desse processo. Dessa forma, pode-se entender o fato de que a gravitação, embora seja a força mais fraca conhecida, esteja na origem da geração de massa.

Conclusão

Os dois mecanismos de gerar massa apresentados se baseiam numa mesma estrutura fundamental: um estado do vazio descrito por uma distribuição de energia constante em todo o espaço. A massa aparece como uma resposta individual de cada corpo a este estado de excitação fundamental, este mar de energia invisível, mas mensurável, que – para os aspectos que importa aqui – pode ser identificado ou com uma constante cosmológica ou com o vácuo quântico.

A principal distinção entre eles reside na origem desse estado. O cenário de Higgs requer a presença de um novo campo da Física, uma nova partícula, com propriedades especiais, como uma massa, e um processo de autointeração relacionados por valores bem específicos.

O cenário gravitacional tem várias vantagens sobre o de Higgs, pois as condições requeridas para que ele conceda massa aos corpos não são difíceis de serem satisfeitas. E, particularmente, não podemos aceitar como verdade, *a priori*, a hipótese de que o campo de Higgs interage com todos os corpos. Por outro lado, não há nenhuma dúvida quanto à universalidade da gravitação.

Acrescenta-se aqui um comentário sobre uma questão que pode despertar curiosidade. Por que Einstein, tendo todos esses ingredientes com que foi descrita a origem gravitacional da massa, não realizou esse passo fundamental de obter a massa de todos os corpos a partir da interação gravitacional? A resposta é um pouco técnica, mas será apresentada de modo sucinto.

Um dos pilares da Teoria da Relatividade Geral consiste na hipótese de que localmente as leis da Física são aquelas descritas pela Teoria da Relatividade Especial. O famoso princípio de equivalência, associando um sistema de referência acelerado a um campo gravitacional homogêneo, permite eliminar o efeito gravitacional local. Ora, se a massa depende da interação gravitacional, isso permitiria eliminar a característica da massa em cada ponto do espaço-tempo, o que é absurdo.

O impedimento maior vem precisamente da identificação desse princípio de equivalência com a forma de interação da matéria com o campo gravitacional. Foi somente quando se separou esses dois ingredientes (a equivalência e a interação gravitacional) que foi possível efetivar um modo de gerar massa para todos os corpos via gravitação. Isso se deve ao fato de que, ao alargar a interação gravitacional, permitindo que processos envolvendo a curvatura do espaço-tempo – o campo gravitacional que não pode ser eliminado nem localmente por uma simples transformação de sistema de representação –, é que o mecanismo gravitacional pode atuar e ser universal e eficiente.

Havia um preconceito entre os físicos de altas energias em respeito ao mecanismo gravitacional capaz de gerar massa, pois se suspeitava que esse modo gravitacional implicaria que essa massa teria seu valor associado à intensidade do campo gravitacional ou à Constante de Newton. Essa característica, se fosse verdadeira, inviabilizaria o mecanismo gravitacional. No entanto, mostrou-se claramente que não há nenhuma dependência da massa obtida pelo mecanismo gravitacional com a intensidade do campo gravitacional, nem com a Constante de Newton da gravitação. Ou seja, como mencionado anteriormente, a gravitação nada mais é do que o agente catalizador desse processo.

Conclui-se, então, que a massa de todos os corpos depende somente da interação gravitacional a partir de um estado do vazio fundamental. Ou seja, contrariamente ao que afirmam Higgs e seus colegas, Einstein e Mach estavam certos.

Comentário

Um dos grandes sucessos da Física no século XX foi a unificação de todos os processos, da dinâmica de todos os fenômenos a partir de uma combinação de apenas quatro forças fundamentais.

Não deixa de ser notável a eficiência dos físicos ao demonstrar que todos os processos do mundo observável que fazem parte de sua área de competência podem ser explicados como consequência da luta entre quatro, e somente quatro, forças fundamentais: a força eletromagnética, a força gravitacional, a força nuclear fraca e a força nuclear forte.

Há vários modos de distinguir essas forças e classificá-las. Aqui se limita a dois deles. Para realizar essa divisão, deve-se concentrar em duas propriedades: o alcance e a respectiva intensidade de cada uma dessas forças.

A Física anterior ao século XX, que, genericamente, se costuma chamar de Física clássica (isto é, não relativista e não quântica), conhecia somente forças de longo alcance: as forças gravitacionais e as eletromagnéticas. Com isso, entende-se que seus efeitos se estendem por todo o espaço conhecido, uma região tão grande que se tende a afirmar, simplificadamente, que essas forças possuem alcance infinito, ou melhor, não têm limite sensível.

Além dessas, no interior da matéria, no nível atômico, e mesmo mais intimamente, no nível intra-atômico, duas novas forças foram reconhecidas e chamadas de forças nucleares fraca e forte. A primeira é responsável pela desintegração da matéria, e a segunda por sua estabilidade e persistência. São forças de curto alcance, de dimensões extraordinariamente pequenas, imperceptíveis aos nossos sentidos; fazem-se sentir somente no mundo microscópico, no interior dos átomos. Essa propriedade das forças nucleares está relacionada ao fato de que as partículas que servem como intermediárias nessas interações possuem massa diferente de zero. Em verdade, pode-se mostrar que o alcance de uma interação é inversamente proporcional à massa da partícula trocada.

Segundo o modo moderno, ou melhor, quântico, de interpretar e/ou explicar o fenômeno da interação – aquilo que, tradicionalmente, chamava-se de "força" entre dois corpos –, tudo se passa como se os corpos trocassem partículas extremamente leves e típicas de cada interação ou força. O caráter misterioso que revestia o conceito de "força" foi, assim, substituído pela nova forma encontrada para descrever a interação: a troca de um número de agentes ativos, os emissários da interação, ou os quanta, isto é, os grãos de energia dessa "força". A partir do que foi apresentado, esta seria a representação da hierarquia das forças:

- Forças de longo alcance: eletromagnética e gravitacional;
- Forças de curto alcance: nuclear forte e nuclear fraca.

Outra forma de caracterizar e ordenar as forças é lançar mão do conceito de intensidade. Em situações semelhantes, essas forças produzem respostas distintas como resultado de suas respectivas ações. É possível identificá-las por certas constantes fundamentais que constituem a impressão digital de cada uma delas. Para cada força, existe um valor correspondente da constante que determina a diferença entre suas intensidades. Com esse critério pode-se elaborar uma segunda ordem hierárquica que vai da mais forte para a mais fraca:

nuclear forte – nuclear fraca – eletromagnética – gravitacional

Finalmente, há uma distinção fundamental entre as duas forças clássicas: somente a gravitacional é universal, isto é, atua sobre qualquer corpo e mesmo sobre a energia sob qualquer forma. A força eletromagnética somente atua sobre corpos especiais que possuem uma qualidade particular, a carga elétrica. Não há nada, nenhum corpo material ou energia pura capaz de subtrair-se à ação gravitacional. Isso é tão geral, tão universalmente reconhecido, que me levou a afirmar, enfatizando essa universalidade da força gravitacional: **caio, logo existo.**

O conceito de massa tratado neste capítulo se refere a um corpo em repouso. Esse conceito, tanto na Física newtoniana quanto na Física relativista, é inequívoco e indica uma quantidade universal, a mesma para todos os observadores independentemente de seu estado de repouso ou movimento e em qualquer circunstância. Essa massa constante específica para cada partícula é o que requer explicação.

Segundo o modelo-padrão das partículas elementares, toda a matéria se estrutura a partir de duas classes fundamentais: os léptons e os *quarks*. Há três léptons básicos: elétron, múon e tau. Cada um deles é acompanhado de seu correspondente neutrino. Com isso contamos seis léptons. O mesmo número ocorre nos *quarks*: existe o *quark up, down, charm, strange, top* e *bottom*. Toda a matéria conhecida pode ser reduzida a diferentes combinações desses elementos.

Além desses constituintes fundamentais, existem os bósons que se associam à quantização das interações. No caso da força eletromagnética, o intermediário é o fóton. Na interação fraca, responsável pela desintegração da matéria, são os três bósons vetoriais. No caso dos *quarks*, os oito glúons. No caso da gravitação, seria o hipotético gráviton, do qual, ainda hoje, não temos nenhuma evidência observacional de sua existência.

O Prêmio Nobel de Física Leon Lederman cunhou o termo "God particle" ("partícula divina") para se referir ao bóson de Higgs. Independentemente da ingenuidade, arrogância e presunção desse termo, a expressão "bóson de Higgs" é igualmente pouco fiel, pois, afinal, outros físicos também desenvolveram, inclusive antes, ideia semelhante à de Peter Higgs, como os físicos T. Kibble, François Englert e Robert Brout.

Referências

NOVELLO, M. A origem da massa. *Cosmos & Contexto*, 10 jul. 2018. Disponível em: https://cosmosecontexto.org.br/a-origem-da-massa/. Acesso em: 5 maio 2023.

NOVELLO, M. Mach or Higgs? *Anais da XIV Brazilian School of Cosmology and Gravitation*, 2011.

NOVELLO, M. *O que é Cosmologia?* – A revolução do pensamento cosmológico. Rio de Janeiro: Zahar, 2006.

NOVELLO, M. The Gravitational Mechanism to Generate Mass. *Classical and Quantum Gravity*, 2011.

NOVELLO, M. The Origin of the Neutrino Mass. *Lettere al Nuovo Cimento*, v. 1, p. 252, 1971.

NOVELLO, M.; BITTENCOURT, E. What is the Origin of the Mass of the Higgs Boson? *Physical Review D*, v. 86, p. 063510, 2012.

OKUN, L. B. The Concept of Mass. *Soviet Physics Uspekhi*, 32, jul. 1989.

DIRAC E SAKHAROV: MATÉRIA E ANTIMATÉRIA

Da fantasia na formação da matéria

Um dos resultados mais inesperados do mundo quântico foi a proposta – confirmada ulteriormente pela observação em laboratório – de que cada partícula elementar possui um dual que chamamos antipartícula. Assim, por exemplo, o elétron tem seu antielétron, que tem mesma massa, mas carga elétrica de sinal oposto. Mais curioso ainda, mesmo que a partícula não tenha carga elétrica – como o nêutron – ela também tem seu dual, o antinêutron.

Dirac, talvez o mais profícuo cientista do século XX, ao desenvolver a moderna Teoria Quântica, destruiu a ideia absoluta da matéria, propondo, com sucesso, essa noção de que cada partícula elementar possui sua antipartícula. Mostrou, então, que a propriedade dual tem uma consequência excepcional: matéria e antimatéria possuem uma atração irresistível uma pela outra e, ao se encontrarem, se aniquilam, perdendo totalmente suas individualidades e deixando em seu lugar somente suas energias sob forma de radiação, de grãos de luz, os fótons. Essa talvez tenha sido a proposta mais estranha que P. A. M. Dirac tenha feito entre suas inúmeras e belas teorias.

Essa descoberta criou de imediato uma questão formidável para os cosmólogos: por que não observamos essa antimatéria no Universo? Por que as galáxias são feitas somente de matéria? Onde foi parar a antimatéria que, segundo a descoberta de Dirac, deveria estar presente em nosso Universo em igual número que a matéria? Observações em laboratórios mostraram que o mundo quântico é simétrico na troca dual. Isso significa que, nas diferentes interações que são feitas nos laboratórios terrestres, uma partícula e seu dual têm comportamento semelhante.

Curiosamente, essa simetria não se reflete no Universo, onde a maior parte da matéria existente se encontra majoritariamente sob a forma átomos de hidrogênio, ou seja, um próton e um elétron. Os físicos dividiram as partículas elementares em famílias distintas. O próton, assim como o nêutron, pertence à família dos bárions B; o elétron, assim como o neutrino, pertence à família dos léptons L.

Mais importante, experimentos mostraram que existe uma Lei de Conservação desses números B e L, separadamente. Isto é, em qualquer reação – por exemplo, na desintegração de um nêutron em próton, elétron e antineutrino – esses números B e L não se alteram. Com efeito, o próton, assim como o nêutron, tem número bariônico 1, enquanto o elétron e o neutrino têm número bariônico 0 e leptônico 1. Por isso, o decaimento faz surgir um antineutrino e não um neutrino. Ou seja, antes havia um bárion e nenhum lépton; depois da desintegração continua havendo somente um bárion e o número leptônico continua sendo zero.

Mas, então, aparece uma questão: por que não existe tantos bárions quanto antibárions no Universo? Por que esse nosso Universo tem, majoritariamente, matéria e não antimatéria?

Mais tarde, com o físico Andrey Sakharov e sua proposta de gênese da matéria bariônica – a que constitui o próton e o nêutron, elementos fundamentais de qualquer átomo –, foi possível entender um pouco melhor as causas que limitaram o nosso Universo a ser repleto unicamente de matéria e não conter antimatéria em quantidade apreciável.

Ele propôs atribuir esse desbalanceamento a efeitos gravitacionais fantasticamente intensos na região próxima ao começo da atual fase de expansão do Universo. Essa proposta eliminou qualquer resquício de alguma espécie de seleção que o Universo estaria programado a fazer. Em verdade, a ausência dessa simetria entre matéria e antimatéria nada mais é do que uma consequência de processos gravitacionais que quebram essa característica, violando essa dualidade.

Os detalhes dessa "escolha" do Universo são por demais técnicos para serem comentados aqui.

Referências

ANTUNES, V.; BEDIAGA, I.; NOVELLO, M. Gravitational Baryogenesis without CPT Violation. *Journal of Cosmology and Astroparticle Physics*, set. 2019.

HICKMAN, I. Sakharov: físico teórico ou inventor? *Cosmos & Contexto*, 2019. Disponível em: https://cosmosecontexto.org.br/sakharov-fisico-teorico-ou-inventor/. Acesso em: 24 abr. 2023.

SAKHAROV, A. D. Violation of CP Invariance, C Asymmetry and Baryon Asymmetry of the Universe. JETP 5, 1967. *Pisma Zh. Eksp. Teor. Fiz. 5*, 1967.

HERMANN WEYL

Os cenários cosmológicos Wist

Quando Lewis Carroll carrega réguas e relógios para o mundo de Alice e penetra em uma nova geometria

O matemático Hermann Weyl, na segunda década do século XX, estabeleceu os fundamentos de uma nova geometria, distinta da Geometria de Riemann. Em sua Teoria da Relatividade Geral, Einstein havia usado a Geometria Riemanniana, que tem como principal propriedade o fato de que as unidades de medida (réguas e relógios) não se alteram ao serem transportadas de um lugar (no espaço-tempo) para outro. Na Geometria de Weyl, essa propriedade definidora de Riemann não vale. Weyl estabelece uma nova regra que fixa como essas unidades de medida variam ao serem transportadas de um lugar no espaço-tempo para outro. Dessa forma, nessa nova geometria, a localização dos instrumentos de medida desempenham um papel importante. Tudo se passa, na Geometria de Weyl, como se as unidades de medida tivessem valores distintos dependentes do lugar no espaço-tempo em que as medidas são efetivamente efetuadas. Uma propriedade certamente inusitada.

O que levou Weyl a propor essa geometria?

A principal motivação que o levou a essa estranha proposta estava intimamente relacionada à formulação de Einstein de representar os processos gravitacionais como alterações na geometria do espaço-tempo. De modo análogo, Weyl imaginou a hipótese na qual o outro campo de longo alcance conhecido, o campo eletromagnético, deveria ser tratado de mesma forma e ser associado igualmente à geometria do espaço-tempo. Como na estrutura de Riemann não existe como associar o campo eletromagnético à estrutura dessa geometria, Weyl criou uma forma distinta de geometria onde isso seria possível.

Essa proposta de geometrização do campo eletromagnético, uma tentativa de unificação dos dois campos clássicos, resultou em um fracasso, por várias razões de ordem técnica que não serão comentadas neste livro.

Aqui, pretende-se concentrar em uma forma específica de alteração da geometria proposta por Weyl e como ela está sendo usada, quase cem anos depois de sua formalização original, de modo completamente distinto daquele que ele imaginou.

Wist na Cosmologia

Para evitar dificuldades formais que poderiam estar associadas a essa nova geometria, uma particular configuração foi considerada e ganhou o nome de Geometria de Weyl Integrável ou, na sigla inglesa, Wist (Weyl Integrable Space-time).

Essa particular forma da Geometria de Weyl requer uma só função do espaço-tempo para fixar o modo pelo qual as unidades de medida são alteradas em uma mudança de posição no espaço-tempo. Essa limitação tem o importante papel de conservar a univocidade do comprimento espaço-temporal em cada ponto.

Um importante progresso aconteceu quando se mostrou que é possível interpretar a Geometria de Weyl no interior da RG. Ou seja, uma Geometria Wist, sem nenhuma forma de matéria ou energia no espaço-tempo, é equivalente a um campo gravitacional gerado por matéria identificada com um campo escalar na Geometria Riemanniana da Relatividade Geral.

Essa propriedade despertou a atenção dos cosmólogos, pois vários modelos de Universo associavam a densidade de energia responsável pela curvatura riemanniana do espaço-tempo a um campo escalar para controlar sua evolução.

Esse campo escalar, interpretado como a função que caracteriza um Wist, teria as mesmas propriedades de um fluido de matéria especial, capaz de permitir a construção de cenários cosmológicos sem singularidade, com *bouncing*, contornando as dificuldades contidas nos Teoremas de Singularidade. Tudo se passa como se tivesse se realizado a geometrização, não do campo eletromagnético, como pretendia Weyl, mas, sim, de um campo escalar.

Os detalhes técnicos desse cenário estão descritos na referência Novello-Oliveira-Salim-Elbaz cujas propriedades principais podem ser descritas como segue:

- Uma Geometria de Minkowski primordial, ao sofrer uma instabilidade, colapsa adiabaticamente até um valor mínimo do volume total, sofre um *bouncing* e inicia, então, uma expansão como uma Geometria de Friedmann.

- Próximo ao *bouncing*, os efeitos de um campo de matéria escalar são idênticos a uma mudança da Geometria Riemanniana para um Wist.

- Longe do *bouncing*, os efeitos do campo escalar diminuem e a geometria volta a ser identificada com a riemanniana.

- Tudo se passa como se o efeito da transformação da Geometria de Riemann para a de Weyl fosse simplesmente evitar a presença da singularidade.

Q-Wis no mundo quântico

A ausência da letra *t* na expressão anterior, "Q-Wis", significa que se trata somente da geometria do espaço tridimensional. Isso se coloca no exame da versão quântica não relativista, em que uma partícula material é descrita por uma função de onda ψ que se espalha sobre uma região do espaço, que satisfaz a famosa Equação de Schrödinger. Essa função ganha significado ao interpretar que o quadrado de ψ determina a probabilidade da presença do corpo por ela descrita. Ademais, a equação da onda ψ contém toda informação sobre as forças que atuam sobre o corpo.

A interpretação convencional, representada pela Escola de Copenhague, requer a presença de um observador externo ao processo quântico examinado.

Mais de meio século mais tarde, ao desenvolver uma nova interpretação da mecânica quântica, distinta da convencional, David Bohm substituiu essa necessidade de observador externo por uma nova força, que chamou de potencial quântico e que age sobre toda forma de matéria. Ou seja, esse potencial seria universal, atuaria sobre tudo que existe e teria a mesma forma e configuração, independentemente sobre que corpo atua.

Foi devido a essa universalidade, e seguindo um caminho semelhante ao que levou à descrição geométrica da interação gravitacional, que recentemente se iniciou o exame da possibilidade de associar esse potencial quântico à geometria do espaço, de modo análogo ao que Einstein havia realizado com o potencial gravitacional ao identificar os efeitos gravitacionais à geometria do espaço-tempo.

Mostrou-se, então, que a mecânica quântica não relativista pode ser interpretada como uma modificação da Geometria Euclidiana, Não Riemanniana, precisamente a geometria estabelecida por

Weyl. Por razões técnicas, a forma dessa geometria foi limitada ao caso especial, como visto anteriormente, em que ela é construída a partir de uma única função. Como essa descrição ocorre no espaço tridimensional, ela recebeu o nome de Q-Wis. Essa geometrização, possível somente no interior da proposta de Bohm, leva a interpretar o potencial quântico Q como sendo a curvatura da Geometria Q-Wis. Embora essa ideia seja promissora, uma tal identificação dos efeitos quânticos à Geometria de Weyl ainda está em construção. Se é apresentada aqui, é para informar que está em marcha uma possível alteração profunda da interpretação do mundo quântico que seria análoga à que a Teoria da Relatividade realizou.

No caso da gravitação, a universalidade dessa interação levou à substituição da estrutura geométrica euclidiana do espaço por uma Geometria Riemanniana. O que está sendo descrito aqui é a possibilidade de representar a universalidade do mundo quântico por uma substituição, no mundo microscópico, da Geometria Euclidiana para uma Geometria Não Euclidiana e Não Riemanniana, a Geometria de Weyl.

Referências

NOVELLO, M. *Os cientistas da minha formação*. São Paulo: Editora Livraria da Física, 2016.

NOVELLO, M.; OLIVEIRA, L. A. R.; SALIM, J. M.; ELBAZ, E. Geometrized Instantons and the Creation of the Universe. *International Journal of Modern Physics D*, 1, 641, 1992.

NOVELLO, M.; SALIM, J. M.; FALCIANO, F. T. On a Geometrical Description of Quantum Mechanics. *International Journal of Geometric Methods in Modern Physics*, v. 8, n. 1, nov. 2011.

PINTO NETO, N. *Teorias e interpretações da mecânica quântica*. São Paulo: Editora Livraria da Física, 2010.

ROMERO, C.; FONSECA-NETO, J. B.; PUCHEU, M. L. General Relativity and Weyl Frames. *International Journal of Modern Physics A*, 26, 3721, 2011.

SCHOLZ, E. The Unexpected Resurgence of Weyl Geometry in Late 20th Century Physics. *ArXiv*, 1703 03187, 2017.

WEYL, H. *Space, Time, Matter*. Ed. Dover, 1952.

O COSMOS QUANTIZADO

Do Universo clássico de Friedmann ao mundo quântico de Bohm

Embora haja uma tendência a associar a Cosmologia – o modo pelo qual descrevemos racionalmente o Universo – ao mundo clássico, é quase impossível aceitar que os conhecimentos obtidos no desenvolvimento do mundo quântico não devam ser aplicados ao Universo como um todo. Há, no entanto, uma dificuldade de princípio, pois a interpretação do mundo quântico, majoritária entre os físicos, da chamada Escola de Copenhague, requer a existência de um observador externo ao processo quântico, qualquer que seja ele. Ora, isso é incompatível com a visão convencional de que não existe o exterior do Universo. Consequentemente, não pode haver observador externo.

Essa propriedade sempre foi entendida como um forte argumento contra a possibilidade de elaboração teórica, formal, de um Universo quântico. Foi então que entrou em cena o físico David Bohm ao recuperar antigas ideias de Louis de Broglie, alterando a interpretação do mundo quântico e associando-a a um potencial de força universal, como foi visto no capítulo anterior. Essa interpretação da Teoria Quântica, aplicada na Cosmologia, permite, então, elaborar uma versão quântica do Universo.

O modo mais simples, que tem produzido resultados passíveis de serem confrontados com observações, parte da consideração de que uma estrutura clássica do tipo Geometria de Friedmann generalizada se descreve a partir de duas funções do tempo. Uma delas, N(t), está associada à distância temporal dt e a outra, $a(t)$, à distância espacial. Esses seriam, então, os dois graus de liberdade descritos na estrutura métrica de um Universo espacialmente homogêneo e isotrópico, que constituem as variáveis fundamentais na teoria clássica e que se prestam formalmente a serem usados no processo de quantização.

Do ponto de vista de princípio, sempre se considerou que a motivação para a quantização da Cosmologia estaria relacionada à possibilidade do processo de quantização poder evitar a singularidade típica da solução clássica de Friedmann. Do que foi visto em vários momentos neste livro, essa argumentação é fraca, pois processos clássicos, de várias formas e teorias, permitem gerar modelos de Universo com *bouncing*, em que a singularidade não ocorre.

Independentemente dessa motivação original, várias propostas de produzir um Cosmos quantizado têm aparecido nas últimas décadas. É bem verdade que a quantização do campo gravitacional requer algumas mudanças importantes sobre o procedimento convencional. Como se trata, na Relatividade Geral, de quantizar a geometria, estamos diante de um procedimento bem diferente do resto dos processos quânticos que foram construídos a partir de sua descrição no espaço-tempo de geometria plana, sem curvatura, minkowskiano.

Há vários caminhos para realizar essa quantização, embora todos tenham alguma dificuldade de princípio, devido, principalmente, ao fato de não se poder guiar pela experimentação, pois não há observação direta de fenômenos quânticos gravitacionais.

Somente um simples comentário sobre uma proposta feita há mais de cinquenta anos, elaborada pelos físicos americanos

John Wheeler e Bryce DeWitt que modificaram a Equação de Schrödinger da mecânica quântica para aplicá-la ao Universo. Mostrou-se, então, que modelos cosmológicos com *bouncing* aparecem igualmente na versão quântica. Pelo que foi visto, esse resultado por si só não justifica o processo de quantização do Cosmos, embora mostre coerência com o que se espera de uma teoria: a completa racionalidade de sua interpretação.

Recentemente, o avanço da Astronomia permitiu inaugurar uma nova possibilidade de observações relacionadas à formação de estruturas, como galáxias, e acredita-se que, em breve, seja possível relacionar efeitos quânticos a essas observações. Esse caminho não será comentado, por ser ainda especulativo, pois seria muito técnico para este livro.

Referências

PINTO NETO, N. *Teorias e interpretações da mecânica quântica*. São Paulo: Editora Livraria da Física, 2010.

PINTO NETO, N.; FABRIS, J. C. Quantum Cosmology for the De Broglie-Bohm Perspective. *Classical and Quantum Gravity*, v. 30, 143001, 2013.

O Universo Magnético

Dualidade no Cosmos magnético

Foi visto, num capítulo anterior, que as observações dos céus e o campo gravitacional descrito pela Teoria da Relatividade Geral permitem fazer as seguintes afirmações sobre nosso Cosmos:

- O Universo é espacialmente homogêneo e isotrópico, ou seja, não existe nem posição nem direção privilegiada no espaço;
- Existe um tempo global que permite a descrição completa do espaço-tempo num sistema de coordenadas gaussiano, em que se separa tempo (unidimensional) e espaço (tridimensional);
- O volume varia com o tempo. Essa dinâmica provoca a dependência das leis físicas com o tempo cósmico;
- O Universo possui fases de colapso e expansão. O momento de condensação máxima (Big Bang) é somente um momento de passagem de uma fase de colapso gravitacional à fase expansionista, por meio de um *bouncing;*
- A variação do volume espacial sofre ulteriormente uma alteração em seu ritmo, produzindo uma aceleração.

No modelo-padrão da Cosmologia, em uma fase próxima à singularidade da Geometria de Friedmann, o principal responsável pela curvatura do espaço-tempo corresponde à radiação eletromagnética. Para compatibilizar o caráter vetorial do campo eletromagnético (isto é, possuindo uma direção especial de propagação para cada forma de campo) com a geometria isotrópica de Friedmann, usa-se aplicar uma técnica de média sobre distintas configurações. Esse procedimento reduz os seis componentes dos vetores elétrico e magnético a duas únicas funções, E e B, características da operação de média, e permite descrever a energia do campo magnético como um fluido perfeito, com uma densidade de energia e uma pressão.

Chama-se Universo magnético a estrutura que satisfaz as equações da RG tendo como fonte a configuração do campo eletromagnético, cuja média se restringe a B, ou seja, onde E se anula. Nesse cenário, toda a história da geometria do Universo é controlada unicamente pelos dois campos de longo alcance, o magnético e o gravitacional.

Trabalhos recentes mostraram o importante papel de efeitos não lineares da eletrodinâmica em duas questões cruciais da Cosmologia relativas a momentos particulares de sua evolução para regimes de muito grandes e de muito pequenos valores da curvatura. Ou seja, nas fases do Universo muito condensadas e no período de aceleração. Essa particularidade leva a assumir uma simetria dual (forte-fraco) do campo eletromagnético no Universo e reconhecer um comportamento que pode ser descrito como uma energia escura.

Pode-se sintetizar as propriedades principais do Universo magnético cíclico do seguinte modo:

- A estrutura geométrica da história do Universo é controlada por um campo magnético médio;
- Anteriormente à atual fase de expansão, o Universo passou por uma fase de colapso gravitacional, atingindo um valor mínimo para seu volume e transformando o colapso em expansão, no que chamamos *bouncing*;

- Contrariamente ao que acontece no caso singular da Teoria Linear de Maxwell, em que, no momento de máxima condensação, a densidade de energia é infinitamente grande, na teoria não linear, a densidade de energia tem, nesse estado, um valor mínimo;
- A evolução do Universo passa, então, pelas fases: colapso, *bouncing*, expansão, aceleração, colapso, *rebouncing*;
- A nova fase de colapso termina quando o volume atinge um valor mínimo, revertendo novamente o sinal do colapso;
- Um novo ciclo similar acontece;
- Essa sequência de ciclos pode continuar indefinidamente.

Referência

NOVELLO, M.; ARAÚJO, A. A.; SALIM, J. M. Cyclic Magnetic Universe. *International Journal of Modern Physics*, v. 24, 30, p. 5639, 2009.

O FLORESCER DA COSMOLOGIA NA UNIÃO SOVIÉTICA[4]

O pensamento cosmológico em inteira liberdade

Durante a VI Brazilian School of Cosmology and Gravitation, em 1989, um conhecido físico norte-americano confidenciou-me que muitos cientistas americanos tinham aprendido russo para poder ler e se inspirar nos artigos que os cosmólogos soviéticos, extremamente imaginativos e competentes, estavam produzindo sobre a estrutura e evolução do Universo.

Descobri, então, que a riqueza de novas ideias sobre o Cosmos não se encontrava no Ocidente arrogante e tecnicamente competente, mas lá longe, nos centros de pesquisa da União Soviética, na imaginação extraordinariamente rica que ali se estava desenvolvendo.

Comentei com ele que isso era perfeitamente normal no mundo acadêmico e que a interação entre os diferentes grupos de pesquisa era salutar e convencional. Mas, replicou ele, publicar artigos baseados nas ideias dos russos sem citar os trabalhos originais?

Isso me deixou perplexo, pois eu ouvira várias vezes meus colegas russos reclamarem do que eles diziam ser tentativas, mais ou menos

---

[4] Este artigo foi publicado na revista eletrônica *Cosmos & Contexto*, ed. 46, abr. 2021. Disponível em: https://cosmosecontexto.org.br/o-florescer-da-cosmologia-na-uniao-sovietica/. Acesso em: 26 abr. 2023.

Mario Novello

intensas, de ocultação das origens de algumas das principais ideias então desenvolvidas nos EUA.

Isso se devia, em parte, ao fato de que naquela época os artigos dos cientistas russos eram publicados em revistas, como a *JETP* (*Journal of Experimental and Theoretical Physics*), somente em russo, sem tradução acessível para o inglês. Acrescente-se a isso a dificuldade dos cientistas da URSS de participarem de conferências internacionais em países fora da chamada cortina de ferro, por razões exclusivamente políticas. Isso os impedia de defender presencialmente suas ideias e, consequentemente, dificultava a identificação da origem e procedência dessas ideias.

Algumas cenas de um filme americano, *Cortina rasgada*, de 1966, dirigido por Alfred Hitchcock, mostram um físico-espião americano tentando se apoderar de alguns resultados da Teoria dos Neutrinos que cientistas da Rússia e da Alemanha Oriental estavam realizando.

A importância desses neutrinos, que não foi explicitada no filme, estava relacionada à expectativa de obter informações sobre possíveis testes nucleares com explosões subterrâneas que impediam seu alcance visual. A detecção de neutrinos e sua intensidade permitiam caracterizar com boa precisão o local e a força explosiva da eventual bomba atômica testada.

Enquanto a liberdade política era restrita sob o regime comunista na URSS, as ideias desenvolvidas por seus físicos, em particular os que se dedicavam à Cosmologia, eram exuberantes e pareciam não ter limite, beirando às vezes uma maravilhosa e atraente orquestração de processos que se associavam a uma interpretação quase utópica da realidade.

Por outro lado, contra toda expectativa, no Ocidente, nos EUA e na Europa, a aparente imensa liberdade política criava um isolamento da razão, gerado a partir de um tecnicismo eficiente e

Os construtores do Cosmos | O florescer da Cosmologia na União Soviética

autorreferente, fechado em si, limitando o que deveria ser entendido como a verdade científica, determinada pelo *establishment*. Estranhamente, seus físicos se revelavam conservadores, construindo um muro no interior da academia, rejeitando novas formas de descrição da realidade, inibindo ostensivamente a imaginação na construção de representação de retalhos da natureza e, principalmente, enfatizando a técnica em detrimento da produção de uma visão de mundo.

Um desses físicos russos, Evgeny Lifshitz, aceitou meu convite para participar, em 1979, da II BSCG na Universidade Federal da Paraíba, em João Pessoa. Ele havia adquirido uma enorme fama por ter redigido, em parceria com o grande físico Lev Landau, uma coleção completa da Física do século XX. Era quase o final do período de domínio de Leonid Brejnev na União Soviética.

No Brasil, o general Figueiredo era o presidente da ordem então instaurada pelo Golpe Militar de 1964. Despontava, então, indícios de que se iniciava a distensão para uma suave passagem à democracia, o que viria a ser conhecida como uma "abertura lenta, gradual e segura". Creio que foi a conjunção desses dois fatos que tornou a vinda de Evgeny Lifshitz possível apesar das dificuldades impostas por ambos os regimes. Durante o período em que ele ficou no Brasil, desenvolvemos uma intensa amizade que se preservou até sua morte. Dessas longas conversas, pude perceber como, segundo ele, foi possível o surgimento de propostas em Cosmologia tão importantes e tão ricas de imaginação, em um regime tão fechado.

A acreditar em Lifshitz, isso se deveu a diversos fatores, dentre os quais citou: liberdade na escolha do tema de pesquisa e no seu desenvolvimento; separação total do conceito de competência com intensidade e número de publicações; acompanhamento continuado, desde a escola elementar, de alunos enormemente motivados por professores entusiasmados com seu trabalho e tendo salários dignos; independência completa da atividade científica do *establishment* associado a organizações de natureza política, exceto a prestigiosa Academia de Ciências da URSS.

Quanto de verdade há nessa explicação? Difícil precisar. No entanto, uma coisa é sem dúvida: naquele instituto, naquele período comunista, em Moscou, cosmólogos russos desenvolveram uma visão do Universo esplendorosa, entusiasmada e entusiasmante com a exuberância do Cosmos.

Reconhecer que isso surgiu em meio a um cenário de ideologia rígida, pretensamente comunista, que oficialmente fazia da solidariedade uma força mágica a impulsionar o imaginário da sociedade, mas cuja prática estava longe de realizar esse ideal, certamente nos surpreende.

Por outro lado, restava-nos, então – e é o que lamentavelmente restou –, o sistema capitalista ocidental, com sua perversa restrição da dignidade do indivíduo, eliminando, na prática, qualquer resquício de grandiosidade e transcendência, incentivando uma bajulação degradante a um Deus ausente que sequer executa a contento sua função maior, a de expulsar os vendilhões do templo.

COSMOGONIA

Caos, Cosmos e um Universo se revela

A mitologia grega nos deu Cosmos e Caos. Os cientistas se apoderaram desses termos para elaborar um modo, simples e racional, de representar a origem de tudo que existe. Ou seja, a produção de uma cosmogonia.

Depois dos caminhos que foram percorridos, dedicados a alguns temas particulares, é chegada a hora de sinalizar aonde esses textos nos levou, fazendo um balanço – mesmo que resumido – do estado atual do conhecimento sobre o Universo que foi descrito nos capítulos anteriores.

Para aliviar o peso da história científica da origem de tudo que existe, será abordado como um poeta da Antiguidade grega descreveu a criação do mundo.

Segundo Hesíodo, tudo se inicia com Caos. Esse Caos, no entanto, não significava somente desordem, como identificado posteriormente. Ele simboliza igualmente o território onde o mundo se desenvolve. De acordo o poeta, esse Caos não era inerte, mas possuía personalidade, ou melhor, tinha uma dinâmica associada.

Se interpretarmos as palavras do poeta à luz de nossa representação do mundo hoje, usando termos modernos, diríamos que tudo começou com esse território, esse Caos, que possuía uma geometria variável.

A semelhança do poema de Hesíodo com o modo com que descrevemos hoje a evolução do espaço-tempo na Relatividade Geral é notável. Com efeito, uma visão científica moderna da história do mundo pode ser apresentada do seguinte modo: estabelece-se uma ontologia do território, do espaço-tempo, a partir da instabilidade do vazio. Esse território não é inerte, possui uma geometria controlada por uma dinâmica associada à gravitação, a fonte primordial, descrita pela Teoria da Relatividade Geral. Por ser não linear, essa estrutura se autoalimenta, evolve, não permite um Cosmos de configuração estática. Essa métrica dinâmica está na base da ontologia da matéria. Isso é possível graças ao mecanismo de criação de partículas pelo campo gravitacional. Nesse contexto, a matéria emana da excitação do espaço-tempo. Assim, a instabilidade do vazio dá origem a uma geometria variável que organiza um mundo, como no poema de Hesíodo. É nessa estrutura métrica que a matéria se institui, segundo leis variáveis com o tempo cósmico.

O Universo que daí emerge orienta a produção controlada de uma instabilidade local (capaz de formar estruturas não homogêneas, limitadas espacialmente) e organiza a coerência de sua estabilidade global, capaz de orquestrar a solidariedade cósmica, permitindo sua existência por um tempo suficientemente longo para que organizações complexas possam aparecer, como galáxias, estrelas, planetas e, eventualmente, vida.

Quando isso não acontece, quando a solidariedade não se instala, o Universo mergulha no não ser, no vazio. E um novo ciclo ocorre a partir desse vazio, e assim repetidamente, até que, aleatoriamente, a solidariedade possa controlar as instabilidades tanto localmente quanto globalmente. E assim formar um Cosmos solidário.

Os construtores do Cosmos | Cosmogonia

Entender o Universo como um processo de autocriação, sem matéria nem energia, puro processo geométrico, soa como música maravilhosa e apaixonante que enleva o espírito e que só pode ser igualado aos momentos grandiosos quando Johann Sebastian Bach, com o encantamento precioso de sua alma etérea, nos mostra, por meio de sua música, o esplendor do Cosmos.

Referência

GRIB, A. *Early Expanding Universe and Elementary Particles*. St. Petersburg: Friedmann Laboratory Publishing Ltda., 1995. 125 p.

SOLIDARIEDADE CÓSMICA, SOLIDARIEDADE SOCIAL

O Universo estava condenado a existir

Tudo está em transformação,
nada estável perdura por muito tempo.

Karl Marx (1848)

Giordano Bruno, no início da Ciência moderna, alertava que o convívio social, a interação entre os homens, o ideal de sociedade, deveria ser consequência natural e necessária da intimidade humana com o Universo.

Bertrand Levergeois, comentando o livro *L'Infini, l'Univers et les Mondes*, mostra como Giordano não aceitava a visão progressista de Campanella (*A cidade do Sol*) ou reacionária de More (*A ilha de Utopia*) sobre uma possível reforma da sociedade. O que importa, diz ele, é antes reformar o céu e compreender a união indissolúvel entre a nossa humanidade, nosso comportamento social e o infinito Universo.

Talvez não exista uma maior expressão, nos dias de hoje, desse ideal de Bruno do que a formulação da Cosmologia contemporânea ao explicitar a transformação permanente do Universo, não somente em suas configurações observáveis, mas também em suas próprias leis. Dentre essas, talvez a mais fundamental seja a solidariedade entre suas partes. O termo solidariedade está aqui a ser aplicado como extensão de coerência, compatibilidade entre suas partes e é uma necessidade imprescindível no Universo.

Com efeito, consideremos, por exemplo, o primeiro cenário cosmológico do século XX idealizado por Einstein. Esse modelo, por ser estático e sem interação entre suas partes, isto é, sem solidariedade entre suas partes, tem um tempo exíguo de existência. Qualquer forma de perturbação, por menor que seja, que ocorra em algum lugar desse modelo cosmológico de Einstein gera uma catástrofe, fazendo com que esse Universo mergulhe no não ser. Ou seja, esse modelo não pode se identificar com o Universo em que vivemos. E qual a principal causa dessa limitada duração? Seu caráter estático, a ausência de dinâmica e de interação, a inexistência de solidariedade, de compatibilidade entre propriedades local e global.

A frase "Tudo está em transformação, nada estável perdura por muito tempo", que Marx utilizou para se referir à sociedade humana em sua crítica ao capitalismo, se aplica *ipsis litteris* ao Universo. Com efeito, uma leitura atenta das investigações de fronteira da Cosmologia ao longo das últimas décadas aponta a evidência dessa afirmação.

Como foi visto nos capítulos anteriores, tudo no Universo está em transformação. A condição estática (pensada muitas vezes como um cenário de estabilidade duradoura) não se adequa à realidade, e as próprias leis físicas estendidas da Terra ao Universo são afetadas pela disposição no espaço-tempo.

Essa mudança contínua, essa permanente variação, essa evolução, que não possui uma orientação, que não deve ser atribuída a uma causa teleológica, aparece explicitamente na bem-sucedida união empreendida, ao longo do século XX, entre o micro e o macrocosmo, entre a Física das partículas elementares e o estudo das propriedades do Universo, entre o local e o global, finalmente unificados,

Os construtores do Cosmos | Solidariedade cósmica, solidariedade social

como ensinava e se esforçava por mostrar o matemático francês Albert Lautman.

Exemplos simples e inequívocos de dependência cósmica das leis físicas com o tempo cósmico são a questão causal e o desbalanceamento entre matéria e antimatéria no Universo. Embora tenha sido comentado anteriormente essas duas características, como são pouco conhecidas por aqueles que não estão acostumados com questões cosmológicas, creio que não seria exagero falar novamente delas, comentá-las, explicá-las, mesmo que brevemente.

A causalidade, no século XX, foi determinada a partir do reconhecimento de que nada, nenhum corpo material, pode se movimentar com velocidade igual ou superior à da luz. Desse modo, todo observador, todo corpo material, se movimenta dentro de um cone do espaço-tempo cujos limites são caminhos dos fótons, os grãos elementares da luz. Isso determina, sem nenhuma ambiguidade, passado e futuro para qualquer corpo material no interior desse cone.

Aqui intervém a propriedade notável de que a gravitação, a interação que domina o cenário cosmológico, é universal. Isso significa que tudo, matéria ou radiação, sofre a ação gravitacional. Assim, em situações especiais (que não são as que ocorrem na Terra e em suas vizinhanças), a trajetória dos fótons pode ser encurvada de tal modo que em seu interior existam caminhos que conduzem ao passado. Isso ocorre, por exemplo, no cenário cosmológico descoberto pelo matemático austríaco Kurt Gödel, em 1949. Ou seja, causalidade local não implica causalidade global. A relação causal pode depender da situação espaço-temporal ou, para ser preciso, das propriedades do campo gravitacional.

No laboratório terrestre, observa-se que, nas diferentes reações entre partículas elementares (como o elétron e o próton, entre outras), há certas leis de conservação que são interpretadas como se esses processos tivessem simetria perfeita entre o mundo das partículas e o das antipartículas. No entanto, essa lei não é observada no Universo profundo. Nosso Cosmos é formado de matéria e não de antimatéria. O físico Andrey Sakharov, na antiga União Soviética, propôs entender essa ausência global de antimatéria por efeitos gravitacionais que teriam ocorrido em uma fase extremamente condensada do Universo, mostrando a dependência cósmica das interações entre os constituintes elementares da matéria.

Finalmente, é importante notar que, contrariamente ao que nas últimas décadas se tem propagado, o Universo não possui um tempo de existência finito, que levaria a questão dessa origem para fora do território da Ciência. A união entre o mundo quântico e a universalidade da interação gravitacional leva a concluir que o Universo é eterno. Mais ainda, que ele possui ciclos – nos quais há uma expansão global de seu volume espacial seguida de uma fase de colapso – que se repetem continuamente. Como esse processo é não linear, não há necessidade de um agente externo para que ele ocorra.

Mesmo um Universo sem nenhuma forma de matéria ou radiação não pode permanecer como tal. Isso é consequência direta de que o estado do vazio quântico, uma cooperação entre o *quantum* e o Cosmos, é instável (corroborando com os antigos pensadores que pretendiam que a natureza tem horror ao vácuo). O espaço-tempo se estrutura gerando um processo de autoevolução, típico da gravitação e de seus mecanismos não lineares. Somos, assim, levados inevitavelmente à conclusão de que o Universo estava condenado a existir.

Ao reconhecermos essa dinâmica do Cosmos, a afirmação do filósofo, de que a sociedade humana não permanece congelada e submissa a uma só estrutura social, adquire um alcance maior, absoluto e geral, pois a sentença fundamental de Marx, de que tudo está em contínua transformação, se aplica naturalmente na Cosmologia contemporânea. Mais do que isso, ela deve ser entendida como a síntese do conhecimento científico. Essa característica comum de descrição da sociedade humana e do Universo permite, então, entender a intuição magistral de Giordano Bruno de que o ordenamento social deve se espelhar nas propriedades solidárias do Cosmos.

Por fim, do que foi comentado, podemos concluir que a afirmação de Marx, de que a verdadeira Ciência é histórica, reflete de modo preciso nosso conhecimento atual do Universo.

Referências

BRUNO, G. *L'Infini, l'Univers et les Mondes*. Paris: Ed. Berg International, 1987.

LAUTMAN, A. *Les Mathématiques, les Idées et le Réel Physique*. Paris: Librarie Philosophique J. Vrin, 2006.

NOVELLO, M. *Quantum e Cosmos*: introdução à metacosmologia. 1. ed. Rio de Janeiro: Contraponto, 2021.

PAULO NETTO, J. *Karl Marx*: uma biografia. São Paulo: Editora Boitempo, 2020.

POSFÁCIO

Mario Novello: um pensador para o próximo milênio

Rodrigo Petronio

Em mais de uma de suas obras, Mario Novello se valeu de *Seis propostas para o próximo milênio*, do escritor italiano Italo Calvino. Aqui procuro delinear de um modo sucinto seis grandes matrizes conceituais do pensamento de Novello. Comecemos pela primeira proposta: temporalidade. Novello analisa em *Os construtores do Cosmos* uma lista vertiginosa dos principais conceitos, ideias e teorias dos maiores físicos, matemáticos, cosmólogos e cientistas da história. Desde a protocosmologia do poeta persa Ghiyāth al-Dīn Abū al-Fath 'Umar ibn Ibrāhīm al-Khayyāmī al-Nīshāpūrī (1048-1131), conhecido no Ocidente como Omar Khayyám, aos debates atuais em torno do bóson de Peter Higgs. O tema da temporalização das leis cósmicas permeia sua obra e encontra um ponto de inflexão em *O Universo inacabado* (2018).

Em 1922, Friedmann propôs a imagem de um Universo em expansão e introduziu a dinâmica no Universo: o volume do espaço aumenta com o tempo cósmico, e o tempo, por seu turno, unifica e homogeneíza o Universo, pois incide sobre tudo que existe. Outros cientistas russos seguiram os passos de Friedmann: Belinsky, Khalatnikov, Markov, Sakharov, Melnikov e Orlov, alguns deles em diálogo direto com Novello e cujas obras são detalhadamente analisadas em *Os construtores do Cosmos*. Este modelo inflacionário foi equivocadamente identificado ao Big Bang, teoria da qual Novello é um dos críticos mais contumazes, como se pode ver em *Do Big Bang ao Universo eterno* (2010). E um dos recursos para essa crítica se encontra em sua formulação da metacosmologia e na teoria da dependência das leis terrestres em relação às leis cósmicas.

A segunda proposta é a dependência. Neste livro, o autor retoma o jogo entre peso e leveza descrito por Calvino para propor um paralelismo: o peso seria terrestre e a leveza seria cósmica. A Cosmologia moderna possui três etapas. A primeira seria a estabilização da Cosmologia e a demarcação epistêmica de seu objeto: a totalidade entendida como estrutura operacional. A segunda consiste na conciliação da mecânica relativista de Einstein e do Universo de Friedmann. A terceira seria a metacosmologia e a busca por uma cosmogonia, ciência auxiliar da Cosmologia e que Novello descreve em *O que é Cosmologia?* (2006). Para tanto, desde *Cosmos e contexto* (1988), Novello procura construir um modelo cosmológico sem singularidade. Essa proposta de um novo modelo cosmológico de *bouncing* remonta aos anos 1970, mas apenas no século XXI começou a ser mais reconhecido. Em parte, isso decorre da assimilação da singularidade à imagem do Big Bang. Dessa crítica à singularidade, Novello extrai problemas ainda mais profundos para a Cosmologia: as viagens no tempo.

A terceira proposta é a reversibilidade. A alteração da causalidade proposta por Novello nos conduz de uma causalidade linear a uma causalidade não linear. Paralelamente aos passos de Edgar Morin e à Teoria da Complexidade, essa nova condição causal poderia ser definida como reversibilidade: a propriedade de sermos criados por aquilo que criamos. Todos os seres do Universo são criadores-criaturas de si mesmos. Essa reversibilidade se encontra no Paradoxo de Bootstrap, a possibilidade de informações futuras viajarem para o presente e o passado, alterando suas condições. Há bases matemáticas e físicas para essa reversibilidade. E a reversibilidade pode ser equacionada ao Paradoxo de Gödel: as configurações que conduzem ao passado seriam eternas e, ao mesmo tempo, poderiam ser encontradas em toda história do Universo. Ora, esse é exatamente o cerne da especulação de *Máquina do tempo* (2005), um tratado de metafísica incrustado no epicentro da Cosmologia. A trama cósmica não ocorreria apenas nos termos de um eventual emaranhamento quântico. Dar-se-ia também nos fios sobrepostos de temporalidades e de acessos ao passado e ao futuro.

A quarta proposta: solidariedade. A solidariedade é um conceito nuclear para todas as teorias conexionistas e relacionais. Irradia-se por todas as ciências e filosofias do século XXI. E também o é para a Cosmologia de Novello. A noção de solidariedade se alinha à noção de ciclos cósmicos. Cada vez mais novos modelos cosmológicos têm trabalhado a categoria de solidariedade. E a quantidade de solidariedade de cada ciclo determinaria cada um desses ciclos. Por isso, seguindo o filósofo e matemático Albert Lautman, para que uma estrutura global do Universo seja estável por um tempo longo é preciso haver um acordo entre as solidariedades locais e globais. Essa premissa da relacionalidade-solidariedade nos conduz à quinta proposta: a teoria quântica.

A quantização da totalidade do espaço-tempo passou a ser uma possibilidade cada vez mais considerada, sobretudo a partir das intepretações da obra de De Broglie e, mais tarde, de David Bohm. Nesse ponto, é essencial refletir sobre o papel da teoria quântica no pensamento de Novello, especialmente desenvolvida em *Quantum e Cosmos: introdução à metacosmologia* (2021), e, sobretudo, sobre o papel da geometria de Hermann Weyl e o potencial quântico de Bohm, explicação alternativa à dos observadores-interatores externos. Novello se alinha a Bohm nessa internalização dos processos globais do Cosmos, um dos principais caminhos tanto para unificação entre *quantum* e Cosmos quanto entre localidade e globalidade, um dos axiomas de Novello. Outro caminho é baseado no conceito mais desafiador do pensamento humano, a sexta e última proposta: o infinito.

A transgressão final de Novello o coloca no âmago não apenas do infinito, mas dos infinitos, no plural. Neste *Os construtores do Cosmos*, temos uma das mais didáticas topicalizações dos pontos nucleares da metacosmologia. A metacosmologia, como aprofundamento da Cosmologia, ultrapassa os limites da Física. E o faz à medida que tem como objetivo a descrição da origem de tudo que existe: a matéria, a energia, a estrutura do espaço-tempo, a causalidade. E arrisca a pergunta mais fundamental: por que existe alguma coisa e não o nada? Sigamos os passos de Novello sobre os sete pontos cardeais da metacosmologia, entendidos também como prolegômenos a toda Cosmologia futura: 1. O nada. Segundo Bertrand Russell, o paradoxo do nada é o seguinte: se não existe nada, existe o conjunto vazio. A partir dele, constrói-se um número infinito de subconjuntos. 2. O vazio cheio. O vazio estaria na origem de tudo que existe. O Universo se construiu através de um tempo de existência infinito. A matéria é uma consequência natural da transformação daquele vazio. 3. A causalidade. Como atravessar esses caminhos que levam ao passado e ao futuro e que Gödel, desafiando as formas convencionais do espaço-tempo, pacientemente construiu? A resposta para essa questão estaria nos percursos de reversibilidade e de dependência global-local descritos anteriormente. 4. Local ou global? É preciso passar do horizonte infinitesimal das equações diferenciais da Física newtoniana às leis globais. Estas haviam sido entrevistas apenas em sonho ou na Cosmologia em forma de poesia de Khayyám. Agora as leis globais são materializadas pela metacosmologia. 5. A teleologia. As propriedades específicas da matéria e a evolução do Cosmos teriam um objetivo final? Se a luz é a matriz de mensuração do Universo, a luz não possui sentido. Logo, não há *telos* ou causalidade final no Universo em devir. 6. O todo e as partes. Devemos seguir Lautman e propor uma simbiose entre as partes e o todo? Essa é a prerrogativa de praticamente todas as teorias contemporâneas da complexidade, em todas as áreas do conhecimento. Novello é um desbravador desse horizonte. 7. Infinitos. Chegamos finalmente a Georg Cantor, o criador dos transfinitos: uma multiplicidade de infinitos. O problema dos transfinitos fora devidamente abordado por Novello em *O Universo inacabado* (2018). A passagem do infinito potencial, vigente da Antiguidade ao século XIX e ao infinito atual de Cantor, é uma das maiores fraturas na história do conhecimento humano.

"O que fazer com esses transfinitos?", nos pergunta Novello justamente ao fim desse resumo da metacosmologia. Essa pergunta é capciosa. E, não por acaso, o infinito se encontra aqui, como sétimo e último item. Semelhante à infinidade de bifurcações e a uma sucessão ilimitada de labirintos, como o Cosmos do escritor Jorge Luis Borges, a obra de Novello pode ser entendida como um conjunto aberto e mutante de variações acerca dos limites constitutivos do pensamento e, por conseguinte, como uma busca ilimitada pela verdade. Nesse sentido, o infinito sempre esteve presente e sempre foi um grande guia, ainda que indireto e hesitante, no percurso sinuoso, ousado e errante desse pensador de tudo que existe.

Sobre o autor

Mario Novello é pesquisador Emérito do Centro Brasileiro de Pesquisas Físicas (CBPF) e doutor em Física pela Universidade de Genebra. Foi pioneiro no estudo sistemático da Cosmologia no Brasil e, em 1979, elaborou o primeiro modelo cosmológico de um Universo eterno, em oposição ao modelo Big Bang.

Em 2004, recebeu o título de *docteur honoris causa* da Universidade de Lyon por seus estudos sobre a origem do Universo. Em 2006, foi reconhecido pelo CBPF por ter orientado o maior número de teses de mestrado e doutorado da instituição. Publicou mais de 150 artigos em revistas científicas internacionais, tornando-se um dos nomes mais destacados do mundo na área, junto à sua dedicação de mais de quarenta anos à pesquisa e à docência. É autor de vários livros de divulgação científica, como *O Universo inacabado*, *O que é Cosmologia?*, *Quantum e Cosmos*, entre outros. Em 2017, recebeu o Prêmio Jabuti pelo livro *Os cientistas da minha formação*, na categoria de divulgação científica.

Acervo particular do autor

Arquivo pessoal

Imagem 1 | Aula do curso *The Program of an Eternal Universe* ministrada por Mario Novello na V Brazilian School of Cosmology and Gravitation (BSCG), Centro Brasileiro de Pesquisas Físicas (CBPF), Rio de Janeiro, 1987.

Imagem 2 | Mario Novello recebe o título *docteur honoris causa* da Universidade Claude Bernard em Lyon, França, 2004.

Imagem 3 | Na tradicional fotografia dos participantes da BSCG, em 2006, vemos Alexander Dolgov (na primeira fila em pé, o primeiro à esquerda), Vladimir Belinsky (na primeira fila em pé, o terceiro da direita para a esquerda) e Vitaly N. Melnikov (na primeira fila em pé, o sétimo da direita para a esquerda).

XII Brazilian School of Cosmology and Gravitation, Mangaratiba, Rio de Janeiro, de 10 a 23 de setembro de 2006. Realização do Instituto de Cosmologia, Relatividade e Astrofísica (Icra-Brasil) e do Centro Brasileiro de Pesquisas Físicas (CBPF).

Mario Novello

Imagem 4 | Na tradicional fotografia dos participantes da BSCG, em 2010, vemos Vladimir Belinsky (na primeira fila em pé, o sexto da direita para a esquerda).

XIV Brazilian School of Cosmology and Gravitation, Mangaratiba, Rio de Janeiro, de 30 de agosto a 1º de setembro de 2010. Realização Icra/CBPF.

Os construtores do Cosmos | Acervo particular do autor

Imagem 5 | Vitaly N. Melnikov, Mario Novello e Jean-Pierre Gazeau, da esquerda para a direita, no CBPF, Rio de Janeiro, 2011.

Imagem 6 | Alexei Starobinsky e Mario Novello na conferência Cosmology and quantum, Cargèse, comuna francesa, Córsega, 2013.

Este livro foi impresso em 2023, pela PlenaPrint,
para a Global Editora.
O papel do miolo é off Set 75 g/m².